PROMENADES D'UN

NATURALISTE

AUX ENVIRONS DE PARIS

PAR

JULES RENGADE

(ARISTIDE ROGER)

Précédées d'une Lettre à l'Auteur

PAR M. ALBERT MILLAUD

et suivies

D'UN GUIDE DU NATURALISTE

De Notes et de Tableaux

SUR LA FLORE ET LA FAUNE PARISIENNES

PARIS

LIBRAIRIE DU PETIT JOURNAL

21, boulevard Montmartre, 21

1866

PROMENADES

NATURALISTE

TYPOGRAPHIE ALCAN-LÉVY
Boulevard Clichy, 62 — ancien boulevard Pigalle, 5o

PROMENADES

D'UN

NATURALISTE

AUX ENVIRONS DE PARIS

PAR

JULES RENGADE

(ARISTIDE ROGER)

Précédées d'une Lettre à l'Auteur

PAR M. ALBERT MILLAUD

et suivies

D'UN GUIDE DU NATURALISTE

De Notes et de Tableaux

SUR LA FLORE ET LA FAUNE PARISIENNES

PARIS

LIBRAIRIE DU PETIT JOURNAL

21, boulevard Montmartre, 21

1866

A

JEAN-BAPTISTE

RENGADE

AVEC

Les sentiments de Respect et d'Affection

De son Fils

J. R.

LETTRE A L'AUTEUR

A

MON AMI JULES RENGADE

De la carrière littéraire,
Avant vous j'ai pris le chemin ;
Aujourd'hui, je vous tends la main,
Et vous dis, venez, ô mon frère.

Nous sommes par les mêmes sœurs

Liés d'une amitié muette,

Naturaliste, ou bien poète,

C'est toujours être ami des fleurs.

J'envisage la botanique

Pour ses parfums trop passagers,

Tandis que vous l'envisagez

Au point de vue hygiénique.

Je dois vous en remercier,

Vous êtes un grand philosophe;

Et j'ai trouvé plus d'une strophe

Dans les plantes de votre herbier.

Hémistiche, ou bien Camomille,

Eclosent au même vallon ;

Esculape est fils d'Apollon,

Ça ne sort pas de la famille.

ALBERT MILLAUD.

4 Mars 1866.

PRÉFACE

Ce livre est le fruit de longues études, en même temps qu'un assemblage de souvenirs.

J'aurais peut-être pu le rendre plus sérieux & plus savant, mais alors il n'eût été accessible qu'aux naturalistes, & c'est pour les bienveillants lecteurs du Petit Journal qu'il a été écrit.

J'espère qu'ils voudront bien l'accueillir avec la même faveur que la feuille populaire qui lui a servi de berceau.

Je me suis proposé, dans cet ouvrage, d'initier

le public à la connaissance des sciences naturelles, de lui faire connaître les sites les plus remarquables des environs de Paris & leur richesse scientifique, d'intéresser l'habitant de la campagne & d'amuser le promeneur, en leur montrant les charmantes distractions que procure l'étude de la nature.

Plaise à Dieu qu'on ne me trouve pas trop au-dessous de ma tâche!...

J'ai fait suivre ces Promenades d'un Appendice que les personnes qui s'occupent d'histoire naturelle verront sans doute avec plaisir. C'est un des Guides les plus complets qui aient été publiés jusqu'à ce jour. J'ai adopté dans ce travail les dénominations de Linné & de Latreille, parce qu'elles sont encore aujourd'hui les plus connues, & j'ai classé les différentes espèces de la manière la plus commode pour la facilité des recherches.

Autant que possible, je me suis efforcé de faire entrer les préceptes & les théories de la science dans un sujet plus ou moins intéressant ; mais je ne me suis jamais écarté de la vérité scientifique, & j'ai toujours sacrifié la forme à l'exactitude.

Je me plais à croire que je serai facilement compris de tous ceux qui me feront l'honneur de me lire, & que les enfants eux-mêmes prendront plaisir à mes herborisations & à mes excursions entomologiques.

Je voudrais avoir assez d'autorité pour dire avec Voltaire : « Comme les petits ruisseaux, je suis transparent, parce que je suis peu profond. »

C'est un bien grand plaisir pour moi de témoigner ici toute ma reconnaissance à MM. Millaud, dont l'amitié m'est si précieuse, & qui ne cessent de me donner chaque jour des marques de la plus vive affection, après avoir si généreusement ouvert leurs journaux à mes premiers essais.

Je remercie de même mon très cher et savant confrère, M. Félix Hément, de toutes les bontés qu'il a eues pour moi, & de l'intérêt qu'il a pris à la publication de cet ouvrage.

Enfin, je prie le charmant poëte des Fantaisies de Jeunesse, *de recevoir l'expression de ma vive gratitude pour les gracieuses strophes dont il a orné le seuil de ce livre, comme on couronne une maison neuve d'une gerbe fleurie, afin de lui porter bonheur.*

J. R.

20 mai 1866.

I

LE PARC DE SAINT-CLOUD

I

LE PARC DE SAINT-CLOUD.

Je ne suis jamais plus heureux, cher lecteur, que lorsque je parcours, par un beau dimanche de printemps les magnifiques campagnes des environs de Paris; aussi, dès que je vois les feuilles des arbres s'épanouir au soleil d'avril, je ne tiens plus à la maison.

Je me dis qu'il doit y avoir des fleurs dans les bois, des insectes dans la mousse, des papillons dans les airs, et, tout joyeux, je prends alors ma boîte à herboriser, mes filets, ma canne, et je cours au milieu des champs.

Presque toujours seul, je marche souvent sans savoir mon chemin, au hasard, et je vais quelquefois je ne sais où.

J'ai pourtant çà et là deux ou trois amis campagnards que je vais voir de temps en temps avec plaisir et qui me reçoivent de même ; mais, pour aller chez eux, je ne puis m'empêcher de prendre le chemin des écoliers, et souvent alors, entraîné par la curiosité et l'amour des découvertes, il m'arrive de quitter la bonne route pour suivre un sentier que je ne connais pas, et qui me conduit inévitablement bien loin du but de ma promenade.

Quoi qu'il en soit, j'ai résolu de vous raconter les plus intéressantes de ces courses aventureuses. Je vous parlerai des fleurs des champs, des arbres, des milliers de petits êtres qui vivent autour de nous, de la vigne et du blé, des eaux, et même des pierres, quand je ne trouverai que cela. — Vous pourrez m'écouter sans crainte ; je ne suis pas assez savant pour vous faire un cours ou une leçon, je contemple et j'admire beaucoup plus que je n'étudie, et dans ces causeries familières, je n'abuserai même pas du seul titre que je pourrais tout au plus me donner, celui de *maître d'école buissonnière*.

Je ne vous ferai pas faire d'ailleurs régulièrement le tour de la capitale ; j'aurai soin, au contraire, de vous conduire aux endroits les plus riches et les plus agréables, ceux où la nature se montre dans toute sa beauté.

Tous les côtés de Paris, en effet, n'ont pas le même attrait pour le naturaliste; tandis que vers le sud et l'ouest, Bagneux, Sceaux, Fontenay-aux-Roses, Meudon, Saint-Cloud, Ville-d'Avray, Louvecienne, Marly, Saint-Germain en Laye, etc., sont comme des nids au milieu des fleurs et de la verdure; au nord et à l'est, au contraire, Saint-Denis, Aubervilliers, Pantin, Noisy-le-Sec, Romainville, etc., n'offrent aux yeux que des plaines sans arbres, des routes poudreuses, un ciel enfumé.

L'autre jour, à onze heures et demie environ, je montai en wagon à la gare Saint-Lazare pour aller faire ma promenade dans le parc de Saint-Cloud et les environs de Ville-d'Avray... Il y a quelques années, je serais parti tout bonnement de Paris à pied, pour herboriser, chemin faisant, dans le bois de Boulogne; mais je ne vais plus au bois depuis qu'il est défendu de marcher sur ses gazons si bien peignés et sarclés, depuis que les tritons et les têtards ont été chassés de ses mares pour faire place aux poissons rouges; depuis, enfin, que ma pauvre science champêtre y courrait le risque de se trouver tout à coup, au détour d'une allée, face à face avec le *canna des Indes*, le *chou des Caraïbes* ou le *chamærops des bords du Nil*.

Je partis donc en wagon, et, au bout de quelques minutes, je descendis à Saint-Cloud.

Comme le parc était beau !... quelle riche végétation sous ses grands arbres !... Dans les herbes déjà hautes, étincelaient des milliers de fleurs !... Toutes étaient pleines de fraîcheur et de jeunesse, et leurs nuances tendres et délicates suffisaient à révéler le printemps.

En un clin d'œil, je fis une récolte magnifique ; à chaque pas, je me baissais pour recueillir ou contempler.

Les premières fleurs qui s'offrirent à ma vue, furent celles d'une plante bien curieuse, et que beaucoup de personnes connaissent sous les noms d'*éclaire*, d'*herbe aux verrues*, d'*herbe aux hirondelles*. On la trouve au milieu des décombres, dans les bois, sur les vieux toits et sur les murailles. Ses fleurs jaunes ont à peu près l'aspect d'une croix, et ses feuilles d'un vert bleuâtre en dessous semblent indiquer ses propriétés dangereuses.

Quand je voulus la cueillir, il s'échappa de sa tige quelques gouttes d'un suc jaune et visqueux qui, tombant sur mes doigts, me donna pendant

quelque temps la désagréable sensation d'une légère brûlure. C'est cette liqueur âcre et corrosive
qu'emploient avec succès les paysans pour cauté-
riser les verrues, et que les anciens médecins ad-
ministraient contre la jaunisse, uniquement à cause
de la ressemblance de couleur entre cette maladie et
ce prétendu remède.

Elle est aujourd'hui sans usage, mais il est bien
possible qu'on y revienne plus tard. — Linné a
donné à l'éclaire le nom de *grande chélidoine (che-
lidonium majus)*, d'un mot grec qui veut dire hirondelle.

Il existe, en effet, une sorte de sympathie entre
cette pauvre fleur et ce charmant oiseau : tous deux
aiment le vieux toit et la muraille en ruines ; l'une
y fixe sa racine, l'autre y suspend son nid. Quand
l'hirondelle arrive, la chélidoine fleurit. Celle-ci est
une parure, celle-là une joie pour la maison. —
L'une donne des fleurs, l'autre de la gaîté depuis le
printemps jusqu'à l'automne, et quand l'hirondelle
est partie, la chélidoine ne fleurit plus...

Tout près de cette plante singulière, croissaient
en abondance deux petites fleurs, l'une blanche,
l'autre jaune, appartenant toutes deux à la même

famille et fort élégantes toutes deux, mais perfides malheureusement sous leur gentillesse. — L'une, la jaune, pourvue de feuilles en forme de cœur arrondi, et d'une corolle de dix à douze pièces ou pétales, était la *ficaire renoncule (ficaria ranunculoïdes)* ; l'autre, la blanche, portant sur sa tige trois feuilles très découpées et munie d'une corolle de cinq pétales seulement, était l'*anémone des bois* ou *sylvie (anemone nemorosa)*.

Leur famille, que les botanistes nomment *les renonculacées*, renferme des plantes en général magnifiques, riches de fraîcheur et d'éclat, mais presque toutes nuisibles et funestes. Plusieurs d'entre elles étaient regardées autrefois comme le symbole de la cruauté. C'est la famille du *bouton d'or* et du *bouton d'argent*, de l'*aconit* ou *char de Vénus*, de la *clématite* ou *herbe aux gueux*, de l'*adonide* ou *goutte de sang*, de la *renoncule scélérate* ou *herbe sardonique*, de l'*ancolie* ou *gantelée*, de l'*ellébore fétide* ou *rose de serpent*, etc... Je me rappelle qu'un vieux botaniste de mes amis me disait un jour avec emphase, en parlant de cette famille-là : « Les renonculacées, mon ami, ce sont les Borgia du règne végétal !... »

Après avoir serré dans ma boîte de fer-blanc

quelques-unes de ces belles méchantes, je pris à travers bois la direction de la lanterne de Démosthène, et je continuai mon herborisation. Je ne tardai pas à rencontrer, au milieu des clairières, entre les massifs de sureaux, de viornes et de marronniers, plusieurs autres fleurs de ma connaissance, que je revois tous les ans avec bonheur.

La *pulmonaire officinale (pulmonaria officinalis)*, que je cherchais avec tant de joie quand j'étais enfant pour sucer la liqueur sucrée renfermée dans le tube de sa corolle, étalait ses feuilles velues et semées de taches blanches, à côté des touffes rougeâtres et visqueuses du *géranium herbe-à-Robert (geranium Robertianum)*, à qui la forme bizarre de son fruit a fait donner le nom de *bec de grue*.

La *pervenche à petites fleurs (vinca minor)* ouvrait, sous les buissons d'aubépines et de groseilliers sauvages, ses yeux d'un bleu céleste et me rappelait Rousseau. — Çà et là croissaient aussi, pêle-mêle, la *saxifrage* aux feuilles grasses *(saxifraga granulata)*, l'*ortie blanche* et l'*ortie rouge*, si répandues partout, le *muguet de mai (convallaria maïalis)*, dont la fleur embaumée succède à celle de la violette, déjà morte; la *potentille du printemps (potentilla verna)* à fleurs jaunes, et sœur du *fraisier des bois*; le *gléchome à feuilles de lierre*

(glechoma hederacea), plus connu sous le nom de
lierre terrestre, plante toute bienfaisante, très efficace contre les affections pulmonaires, et facilement reconnaissable à sa tige carrée ainsi qu'à ses
fleurs bleues placées au nombre de trois ou quatre
à l'aisselle des feuilles, et que leur curieuse disposition en deux lèvres inégales a fait ranger dans l'utile
famille des *labiées*.

Ce fut en compagnie de toutes ces fleurs charmantes que je parvins au point culminant du parc
de Saint-Cloud. De là, pour me rendre à Ville-
d'Avray, je suivis la pelouse de la grande allée au
bout de laquelle se dresse la lanterne de Démosthène, et plus d'une fois encore, dans ce trajet, je fus
émerveillé de tout ce qui s'offrit à mes regards.

A ce moment, d'ailleurs, je n'étais pas le seul à
jouir du soleil et de la verdure ; peu à peu le parc
s'était rempli de promeneurs et j'avais déjà, même
en herborisation, de sérieux concurrents.

Enfants, jeunes filles, jeunes gens dévastaient, à
qui mieux mieux, les fourrés aussi bien que la pelouse ; les pâquerettes n'étaient pas assez nombreuses
pour tous ces jolis doigts avides de fleurs ; les iro-
niques coucous et les vulgaires pissenlits eux-

mêmes étaient impitoyablement moissonnés. Dans
toutes les mains, à tous les chapeaux, à toutes les
boutonnières, brillait quelque débris parfumé de
la guirlande d'avril. Le sourire et la joie étaient sur
tous les visages.

Cinq à six de ces papillons blancs, appelés des
piérides, confondus avec l'*aurore*, aux ailes de feu,
la *vanesse* rouge et l'*argus* azuré, assistaient avec
effroi, du milieu des airs, au pillage des fleurs de
leur domaine. Ils étaient tellement épouvantés que
je ne pus jamais parvenir, quoiqu'ils se posassent
souvent, à les approcher d'assez près pour les saisir
avec mon filet, et que je dus bientôt les abandonner
pour m'occuper de la récolte des plantes.

Je fus assez heureux pour en rencontrer encore
plusieurs sur lesquelles je ne comptais pas ; mais il
est vrai que, pour les découvrir, il me fallut quitter
la pelouse et faire, dans les endroits les plus déserts
du parc, de nombreux détours.

Je recueillis ainsi la *scille à fleurs penchées
(scilla nutans)*, plante liliacée du genre des jacin-
thes, à fleurs d'un joli bleu, fort commune dans tous
les bois des environs de Paris, surtout à Meudon,
inusitée en médecine, mais dont le bulbe renferme

cependant une matière gommeuse dont il serait possible de tirer parti. A l'endroit où elle fleurissait, croissait aussi l'*arum* ou *pied de veau*, à feuilles grandes, en forme de fer de flèche, souvent tachées de noir et dont la fleur, d'apparence foliacée, longue comme le doigt et roulée comme un cornet, renferme une sorte de massue violette ou jaune, au bas de laquelle sont disposés en anneau les organes reproducteurs, étamines et pistils.

Un peu plus bas enfin, dans un coin humide, j'aperçus une petite fleur blanche rayée de pourpre, traînant presqu'à terre, environnée de feuilles larges en forme de cœur suspendu par la pointe et se pliant les unes sur les autres. C'était l'*oxalide oseille (oxalis acetosella)*, aigrelette comme l'*oseille* proprement dite, mais ne lui ressemblant nullement.

L'oxalide est anti-scorbutique et très rafraîchissante; aussi lui a-t-on donné par reconnaissance les jolis noms de *surelle, pain de coucou, oseille de bûcheron*, et celui plus poétique encore d'*alleluia*, pour indiquer son apparition vers les fêtes de Pâques. Aussi bienfaisante qu'agréable et jolie, elle était, au temps où l'on faisait parler les fleurs, l'emblème de la joie. Elle sert aujourd'hui à la préparation de l'oxalate de potasse ou *sel d'o-*

seille, dont on fait un si grand usage dans les arts et l'industrie.

La découverte de l'oxalide fut ma dernière trouvaille; ma boîte, d'ailleurs, était pleine, il se faisait tard, et je touchais à Ville-d'Avray. Heureux et satisfait de ma promenade, je traversai la petite ville pour rejoindre le chemin de fer, admirant sur mon passage les magnifiques lilas qui débordaient les murs des jardins et laissaient pendre au dehors leurs grappes odorantes. Bientôt le sifflet du train qui venait de Versailles se fit entendre, et quelques secondes après je regagnais Paris.

Rentré à la maison, je préparai pour mon herbier, et comme souvenir, quelques-unes des plantes que j'avais recueillies, et je fis des autres un gros bouquet que je mis dans l'eau pour les conserver quelques jours encore. La plupart sont restées fleuries toute la semaine passée, mais aujourd'hui leurs derniers pétales décolorés et flétris tombent et s'effeuillent doucement sur la table où j'écris ces lignes !...

velle, dont on fait un si grand usage dans les arts
d'industrie.

II

A TRAVERS LES BLÉS

II

A TRAVERS LES BLÉS.

Au sud de Paris, entre les trois vallées de la Seine, de la Bièvre et de l'Yvette, s'étend un vaste plateau, froid et nu pendant l'hiver, revêtu pendant l'été de riches moissons.

Ce plateau porte Villejuif, l'Hay, Fresnes, Chevilly, Thiais..., etc. Il s'incline à l'est vers Choisy-le-Roi, et se prolonge vers le sud jusqu'à Lonjumeau.

Du milieu de ces plaines élevées, la vue plonge de toutes parts dans un horizon sans fin, mais de quelque côté que l'on promène ses regards, on ne découvre ni bois, ni prairies, ni jardins, ni villas ;

ce ne sont partout que champs et moissons entrecoupés de loin en loin par de longues et monotones rangées d'ormes tortueux plantés au bord des chemins qui traversent ces campagnes solitaires.

Je ne manque jamais d'aller, au moins une fois tous les ans, contempler dans ce pays un des plus magnifiques spectacles que je connaisse, celui de la floraison des blés.

Aussi, m'y trouvai-je cette année par une des plus belles journées du mois de juin. J'étais bien heureux ce jour-là : un léger souffle de vent qui venait de l'ouest tempérait l'ardeur du soleil et me permettait d'herboriser agréablement et sans fatigue ; tout autour de moi, la campagne, splendide, s'étendait à perte de vue :

> « .... Elle étalait, toute blonde d'épis.
> Ses champs bariolés comme un riche tapis,
> Plaines que des plaines prolongent..... »

Les hirondelles croisaient leur vol au-dessus des blés, l'alouette chantait dans les airs, les abeilles et les libellules fraternisaient avec les papillons blancs.

Je rencontrais sur mon chemin des moissons de toute espèce, des blés, des seigles, des orges, des

avoines en fleurs que le vent faisait onduler comme
des flots, et je pensais alors, en présence de ce magnifique spectacle, que ce vent n'était sans doute
autre chose qu'un simple *serviteur* de la nature,
chargé de faciliter, par cette agitation continuelle
des moissons, la chute du pollen des étamines sur
les pistils, et d'assurer ainsi la fécondation des épis.

Ces milliers d'insectes, qui voltigeaient de tous
côtés, n'étaient-ils pas envoyés aussi pour établir
un lien nécessaire entre les fleurs mâles et les fleurs
femelles, et transmettre à celles-ci la poussière fécondante recueillie sur celles-là?... La gouttelette
de nectar que leur livrait généreusement chaque
calice auxquels ils apportaient le bonheur, n'était-
elle pas la juste récompense de ces mystérieux mes-
sages, de ces immenses services rendus en même
temps à la nature et à l'amour?

Ce fut en réfléchissant à toutes ces choses, après
une longue promenade au milieu de blés vigoureux, où se montraient seulement quelques bouquets de bluets et de coquelicots, que je parvins
au bord d'un champ de l'aspect le plus pittoresque.
Soit par un simple effet du hasard, soit plutôt par
la négligence du cultivateur qui l'avait ensemen-

cée, la moisson, dans ce champ, avait complètement avorté. Le malheureux froment qui avait été
jeté là n'avait poussé que des tiges basses, tortueuses et surmontées d'épis grêles, rabougris et
atrophiés. Cette anomalie, malheureusement trop
fréquente, était due à l'envahissement du champ par
une armée de plantes sauvages.

Sur ce vaste terrain, destiné à nourrir du blé,
s'étaient, pour ainsi dire, ruées les formidables légions de toutes ces herbes ennemies, désignées par
les agriculteurs sous le nom collectif de *nielles*. Les
brins de froment avaient pu cependant se développer et combattre quelque temps contre ces plantes
rivales dont le nombre les écrasait. Il était facile de
voir qu'ils n'avaient cédé qu'après une résistance
désespérée. Le champ qu'ils devaient embellir de
leurs épis avait été le témoin d'une lutte en règle
entre la plante semée par la nature et la plante semée par l'homme : l'herbe sauvage avait fait la
guerre à l'herbe cultivée; il s'était véritablement
livré dans ce coin de terre ce qu'on pourrait appeler
une *bataille de fleurs*.

A l'heure où je venais constater le combat, les
nielles, qui ne reprenaient après tout que le sol de
la patrie, d'où la charrue et le sarcloir les expulsent

tous les ans, avaient presque complètement étouffé les épis. Sur ce petit espace de terrain reconquis, s'étalaient les plus robustes bluets et les plus flamboyants coquelicots que j'aie jamais vus.

Les quelques touffes de blé qui surgissaient encore de distance en distance étaient assaillies par des *gesses* et des *gratterons* aux vrilles crochues; et sur une petite éminence qui dominait le champ de bataille, une dernière poignée de brins de froment, après avoir, pendant longtemps, courageusement tenu tête à des ennemis cent fois plus forts, se laissait enchaîner par une myriade de *liserons*. Les blés limitrophes, comme il arrive toujours en pareil cas, avaient eu fortement à souffrir du voisinage de l'armée victorieuse, et je voyais distinctement se faufiler parmi eux un bon nombre de *chiendents* maraudeurs.

Je pus aisément reconnaître encore au milieu des vainqueurs le *grémil* ou *herbe aux perles (lithospermum arvense)*, le *pied d'alouette* ou *bec d'oiseau (delphinium consolida)*, dont chaque fleur est un casque. La *lychnide nielle*, ou *couronne des blés (lychnis githago)*, qui dépasse de la tête toutes ses compagnes, le *mélampyre* ou *blé de vache (melampyrum arvense)*, dont l'épi couleur de feu étin-

celle comme un flambeau de discorde; la *ravenelle,*
ou *radis sauvage (raphanus raphanistrum),* aux
pétales blancs veinés de bleu; le *souci* et la *fume-
terre,* inséparables amis que l'on retrouve partout,
et ce redoutable *sénevé,* ou *moutarde des champs
(sinapis arvensis),* qui forme très-communément
de grands tapis jaunes au milieu des blés et peut
quelquefois étouffer à lui seul une moisson entière.

Plusieurs de ces plantes, d'ailleurs, ne se contentent pas de nuire au blé seulement pendant sa vie,
elles le poursuivent encore de leur inimitié jusque
sous la meule qui l'écrase, jusque dans le four qui
le cuit pour en faire du pain.

Les graines du mélampyre et de la lychnide mou-
lues avec celles du blé, donnent à la farine une
amertume très-désagréable, mais ne sont pas per-
nicieuses comme on l'a dit autrefois. Il n'en est
malheureusement pas de même de celles de la ravenelle qui, véritablement funestes, peuvent occa-
sionner, quand elles sont en nombre très-considé-
rable, une terrible maladie convulsive et gangré-
neuse, appelée, en quelques localités, *feu Saint-
Antoine* ou *mal de Sologne,* du nom du pays où
elle a été plus particulièrement observée, et que

les médecins modernes désignent sous les noms de *raphanie*, d'*ergotisme* et d'*acrodynie*.

Au moment où j'allais abandonner le champ de bataille, comme je jetais un regard de compassion sur les malheureux vaincus, j'entendis tout à coup, derrière moi, un frôlement d'épis accompagné d'un bruit de pas. Je me retournai, et j'aperçus un homme d'une quarantaine d'années, vêtu d'une blouse et d'un pantalon de toile blanche, qui venait à moi. Il portait à la main une grosse canne, et sur sa poitrine brillait une plaque métallique représentant un aigle aux ailes déployées. C'était un garde-champêtre.

— Monsieur, me dit-il en s'approchant, comme c'est triste, n'est-ce pas, de voir un champ tout plein de mauvaises herbes comme celui-là! Il n'était pas comme ça l'an dernier, allez! Ah! c'est que le père Criquet, à qui il appartenait, vivait encore. Il est trépassé aux vendanges, le pauvre homme! C'est son gendre qui a hérité... un grand *feignant* et un entêté qui ne sait pas manier une bêche et qui fait ses semailles en dépit du bon sens! Voyez-vous, monsieur, tant vaut l'homme, tant vaut la erre... Du temps du père Criquet, c'étaient ici les plus beaux blés de tout le pays... Son gendre, pour faire une écuellée de grains, ramassera trois ou quatre charretées de nielles et de ponceaux!... Si vous saviez comme ça pousse vite, toutes ces mauvaises herbes; en un rien de temps, ça mange un blé... comme s'il n'y avait pas assez déjà de tous les oiseaux et de tous les *ansectes* pour dévorer la bonne récolte du pauvre monde!

— Le gendre Criquet, lui dis-je, ne me paraît pas être, en effet, un excellent agriculteur; il laisse étouffer son blé par les mauvaises herbes; mais vous accusez à tort les oiseaux de participer à la ruine de son champ. Loin de faire du mal à vos blés, ils leur sont, au contraire, fort utiles en les débarrassant tous les jours d'une innombrable quantité d'insectes nuisibles. Malheureusement, les paysans ne voient pas et ne comprennent pas ces grands services; et pour quelques cerises que les oiseaux leur prennent, ils leur font une guerre acharnée.

Pourtant les moineaux, les hirondelles, les merles, les étourneaux, les fauvettes, les pies détruisent par jour des milliers de pucerons, de fourmis, de punaises, de chenilles, de charançons et de beaucoup d'autres insectes qui commettent les plus grands dégâts dans vos champs et vos jardins. Il en est de même de la chauve-souris que l'on regarde encore dans presque tous les pays comme un animal de mauvais augure, du hérisson et du crapaud qui ont été l'objet de tant de préjugés, et aussi de ces petites souris que l'on trouve dans les moissons et qu'on appelle des musaraignes.

— Vrai! monsieur. Eh bien, c'est bon à savoir, répondit le garde, et je vais joliment pincer, à partir d'aujourd'hui, tous les dénicheurs et tous les pipeurs d'oiseaux !...

Et pour accompagner sa promesse d'un geste sacramentel, il donna un grand coup de canne sur un bouquet d'épis d'où s'envolèrent alors, troublés et saisis d'effroi, une foule de moucherons et de papillons de nuit.

Pensant qu'il pouvait s'en trouver d'intéressants parmi eux, je les saisis en grand nombre dans mon filet à papillons, et je vis en effet que j'avais fait prisonnier du même coup deux des plus cruels ennemis de nos céréales.

— Tenez, dis-je au garde en lui montrant ma capture, voyez-vous, l'un à côté de l'autre, ces deux petits papillons de nuit qui ressemblent tant à ceux qui viennent le soir brûler leurs ailes aux lumières dans nos maisons?

— Très-bien, répondit-il, l'un a les ailes couleur

café au lait, l'autre les a grises, marbrées de taches
noires et blanches...

— Précisément. Eh bien, ces deux insectes si petits sont les plus redoutables fléaux de vos récoltes.
Vous savez que tous les papillons commencent par
être des chenilles avant d'avoir des ailes, et que
c'est pendant cette vie de chenille qu'ils commettent les plus grands dégâts... Ce qui est vrai pour
tous, s'applique aux deux petits que nous tenons
prisonniers; leurs chenilles sont véritablement terribles : elles attaquent l'orge et le seigle aussi bien
que le froment.

— Et quel nom donnez-vous à ces vilains petits
papillons?

— Le gris, marbré de noir et de blanc, moins
cruel que son compagnon, s'appelle la *teigne des
grains*. Ce sont les chenilles d'une de ses sœurs, la
teigne des tapisseries, qui mangent nos fourrures
et nos vêtements dans l'intérieur de nos habita-
tions. L'autre, nommé l'*alucite des céréales*, est
extrêmement nuisible. Mais ce qui rend surtout
redoutables ces deux papillons si faibles quand ils
sont en petit nombre, ce sont, outre la petite taille
de leurs chenilles, les moyens admirables qu'elles
emploient pour assurer leur conservation.

La teigne des grains, après avoir voltigé dans nos

champs pendant toutes les nuits de la belle saison, commence ses dégâts lorsque les blés sont rentrés dans les greniers. Des œufs qu'elle pond au milieu des tas de grains, naissent de toutes petites chenilles qui rassemblent tout d'abord autour d'elles un certain nombre de grains de froment, et les réunissent les uns aux autres à l'aide de fils soyeux en laissant entre eux un espace libre. Elles fabriquent ainsi une espèce de tube qu'elles tapissent à l'intérieur d'un fourreau de soie, et dans lequel elles se renferment, comme dans une maison assez solide pour résister aux éboulements qui pourraient se faire dans le tas de blé. Cette maison, du reste, est munie d'une petite porte par laquelle sort la tête de la chenille, qui peut ainsi ronger en toute sécurité les grains environnants.

Les moyens qu'emploie l'alucite sont plus étonnants encore. Le papillon dépose ses œufs autour des grains de blé, sur l'épi même, pendant qu'il est encore en fleur. Les chenilles, rapidement écloses, et si petites qu'on a peine à les voir à l'œil nu, font alors à la base de chaque grain un trou imperceptible, pénètrent ainsi dans la farine dont ce grain est rempli, s'en nourrissent pendant longtemps, et, quand elles ont fini, se trouvent dans une jolie petite chambre dont les murailles ne sont autre chose que l'écorce du grain vidé de sa farine.

N'ayant plus rien à manger, la chenille pense alors à devenir papillon ; elle tapisse de soie son logement, et, comme elle se doute qu'elle n'aura plus de dents quand elle aura des ailes, ne voulant pas s'exposer à rester emprisonnée dans la maison faute d'une porte pour en sortir quand il sera temps, elle s'empresse d'entamer légèrement l'extrémité du grain, de façon à pouvoir l'enfoncer aisément plus tard quand elle voudra s'échapper.

Cette besogne terminée, la chenille s'endort, et les moissonneurs arrivent... Vous pensez peut-être que la vie de l'insecte est en danger? Nullement!... On coupe le blé, on l'entasse, on le met en gerbes, on l'enlève, on l'emporte, on le bat, on le vanne avec un grand fracas de machines, la bienheureuse chenille remuée, secouée, bousculée avec sa maison, ne se réveille pas et ne fait même pas de mauvais rêves.

Ce n'est que lorsque le blé est entassé dans le grenier, au milieu de la tranquillité la plus parfaite, qu'un beau soir, au crépuscule, la petite porte s'ouvre, et que l'alucite pimpante et joyeuse s'envole dans les airs, abandonnant la fragile enveloppe de la graine qui fut tout à la fois sa nourriture et son berceau !...

En terminant mon récit, je tournai mes yeux vers le visage du garde ; il avait une singulière expression d'étonnement. Le brave homme ne pouvait comprendre qu'un petit être nuisible et malfaisant comme ce papillon fût capable de si belles choses. Longtemps encore il me questionna, faisant de temps en temps de sérieuses objections à mes réponses, et me forçant plus d'une fois de lui découvrir le coin le plus triste de la science : celui des probabilités, des doutes, des incertitudes, si voisins des ténèbres et de l'ignorance. Après cette longue causerie, pendant laquelle il me guidait à travers champs, nous nous séparâmes enfin, et je repris seul le chemin de Paris, pensant à la grande nature, aux fleurs, aux papillons, et disant un dernier adieu à ces épis superbes que doraient les pâles rayons du soleil couchant, et qui, bientôt, allaient tomber sous la faucille du moissonneur !...

loppe de la graine qui fut tout à la fois sa nourriture et son berceau...

En terminant mon récit, je tournai mes yeux
vers le visage du garde : il avait une singulière expression d'étonnement. Le brave homme ne pouvait comprendre qu'un petit être, invisible et malfaisant comme ce papillon fût capable de si belles
choses. Longtemps encore il me questionna, faisant de temps en temps de sérieuses objections à
mes réponses, et me forçant plus d'une fois de lui
découvrir le coin le plus triste de la science : celui
des probabilités, des doutes, des incertitudes, si
voisine des ténèbres et de l'ignorance. Après cette
longue causerie, pendant laquelle il me guidait à
travers champs, nous nous séparâmes enfin, et je
repris seul le chemin de Paris, pensant à la grande
nature, aux fleurs, aux papillons, et disant un dernier adieu à ces épis superbes que doraient les
pâles rayons du soleil couchant, et qui, bientôt,
allaient tomber sous la faucille du moissonneur!...

III

LE BORD DES ÉTANGS

III

LE BORD DES ÉTANGS.

Il est aux environs de Paris, dans les bois principalement, un grand nombre de sites pittoresques et privilégiés où se rendent de préférence, pendant les fortes chaleurs de l'été, les amis de la nature et les promeneurs. C'est presque toujours sur les bords d'un ruisseau, d'un étang ou d'une mare, au milieu des grandes herbes, à l'ombre d'arbres touffus, qu'ont lieu ces rendez-vous champêtres. On vient y chercher ce que déjà l'on ne trouve plus ailleurs, un abri frais et rustique, contre le soleil, une végétation splendide, une verdure toujours printanière, toutes les jouissances que procure le spectacle des eaux.

Pour le peintre et le naturaliste, les plus sauvages de ces oasis sont aussi les plus charmantes, et Dieu sait tous les croquis, toutes les fleurs qu'ils rapportent chaque année de leurs excursions aux bords des étangs de Meudon, de Bièvre, du Plessis, de Viroflay, de Chaville, etc. Je ne parle pas ici de ceux d'Enghien, de Boulogne et de Vincennes, qui sont des lacs, non plus que de ceux de Ville-d'Avray, dont on a fait des bassins, ni même de cette pauvre mare d'Auteuil, autrefois si poétique et que l'on a dépouillée tout récemment de son élégante ceinture de roseaux et d'iris pour l'entourer, comme par dérision, d'une vilaine petite grille en fil de fer...

Il y a quelques jours, je partis un matin pour aller visiter les bords de plusieurs étangs situés entre Chaville et Viroflay, au milieu de ravissantes prairies encadrées de forêts. C'était vers la mi-juillet; déjà les plantes de la seconde moitié de l'été succédaient à l'innombrable légion des fleurs de juin, et j'eus le plaisir de faire le long des sentiers que je suivais un magnifique bouquet de ces fleurs nouvellement écloses.

Dans ce bouquet trouvèrent place la *vipérine*

(echium vulgare), dont les tiges, hérissées de soies piquantes, portent des pyramides de fleurs bleues employées autrefois contre la morsure de la vipère; le *réséda* aux grappes jaunâtres *(reseda lutea)* ; la *molène* ou *bouillon-blanc (verbascum thapsus)*, si bonne contre la toux, et qui se reconnaît à ses fleurs jaunes disposées en épi sur une haute tige munie de feuilles blanchâtres et feutrées ; l'*aristoloche clématite (aristolochi a clematitis)*, aux fleurs verdâtres formant un tube recourbé; l'*achillée millefeuille (achillea millefolium)*, vulnéraire dont Achille se servit, dit-on, pour panser sa blessure ; la splendide *digitale pourprée (digitalis purpurea)*, qui vient de se faire une si triste réputation ; enfin la *verveine (verbena officinalis)*, honorée chez les peuples de l'antiquité : *herbe sacrée* des druides, *herbe magique* des sorciers, *herbe à tous maux* des vieux médecins, destituée aujourd'hui de tous ses beaux emplois et traînant comme une mendiante au bord des chemins, où de temps en temps seulement quelque bonne femme vient encore la recueillir.

Toutes ces plantes nouvelles avaient pris la place des primevères, des muguets et des anémones ; un véritable changement de règne s'était accompli dans le monde végétal. La dynastie des fleurs printanières s'était évanouie sous la dynastie des fleurs estivales; l'aspect de la végétation, les couleurs, les parures et les habitudes des nouvelles venues n'étaient plus les mêmes que ceux d'autrefois. Cependant, comme dans la nature toutes les transitions sont parfaitement ménagées, il restait encore parmi les fleurs de la génération actuelle quelques renoncules de l'âge précédent, reconnaissables d'ailleurs à leurs teintes défraîchies et vieillotes.

Ce renouvellement des plantes au mois de juillet n'est cependant pas le seul qui s'opère dans l'année : à la dynastie présente succédera, vers la fin d'août, la dynastie des fleurs automnales; puis à celle-ci, vers le milieu de novembre, celle des plantes de l'hiver, représentée par les mousses et les fougères, qui régneront jusqu'à la fin de février. A cette époque, la série recommencera : ce sera le temps de la renaissance.

C'est sur cette floraison graduelle et successive des végétaux que Linné a fort ingénieusement établi son *Calendrier de Flore*.

Il était environ une heure de l'après-midi quand je quittai les bois pour gagner à travers la plaine les étangs de Chaville. Bientôt, avant même que je pusse les apercevoir, je rencontrai sous mes pas quelques plantes spéciales aux terrains humides, et qui, de plus en plus nombreuses à mesure que j'approchais, me firent voir que je n'étais pas loin du bord des eaux. Parmi ces plantes étaient la *potentille rampante* à fleurs jaunes *(potentilla reptans)*, qui a de grandes analogies avec le fraisier; et sa sœur la *potentille des oies* ou *argentine (pot, anserina)*, ainsi nommée à cause du duvet argenté qui couvre le dessous de ses feuilles. A côté d'elles fleurissaient des *véroniques* de plusieurs espèces, aux petites fleurs d'azur, la *renouée persicaire (polygonum persicaria)*, qui porte un épi de fleurs roses et dont les feuilles, semblables à celles du pêcher, sont astringentes et vulnéraires; la *menthe des marais (mentha rotundifolia)*, et la *grande consoude (symphytum officinale)* pleines de qualités et de vertus; la *gratiole officinale (gratiola officinalis)*, belle plante à fleurs d'un blanc rougeâtre, très employée autrefois surtout par les charlatans, à cause de ses propriétés violemment purgatives, et recueillie encore de nos jours par quelques paysans, sous les noms d'*herbe à pauvre homme* et de *faux séné*.

A cette avant-garde des plantes aquatiques succédèrent bientôt des joncs et des roseaux, puis des aunes et des saules, aux branches desquels grim-

paient des liserons des haies, des vesces aux grappes
de fleurs bleues, et des douces-amères si remarquables par leurs étamines d'un beau jaune d'or soudées au centre d'une corolle violette.

Tout à coup, au delà de ces épais massifs de
feuillages, j'aperçus dans la prairie une nappe
d'eau limpide et bleue comme le ciel, encadrée
d'une large bordure de fleurs. C'était un étang.
Que de choses étonnantes, que de phénomènes
étranges et merveilleux s'accomplissent dans
cette simple flaque d'eau !..... Qu'il faudrait
de science et de gros volumes pour raconter
même la millième partie de l'histoire de cet océan
lilliputien !... Une mare est comme un champ des
plus productifs qui rend au centuple ce qu'on lui
donne ; les ruisseaux qui s'y jettent, la pluie, l'air
et les vents engraissent et fertilisent ses eaux, en leur
apportant une foule de détritus organiques qui s'y
décomposent, et dans leur sein, fécondé de la sorte,
des millions d'êtres organisés, animaux ou plantes,
se développent et grandissent comme des graines
dans un sol généreux.

La nature se sert de ces eaux stagnantes comme
d'un laboratoire secret, d'une usine mystérieuse, où
sans cesse elle transforme et refond les débris, les res-

tes, la poussière d'une foule d'êtres autrefois vivants,
et d'où chaque jour elle fait sortir sous les formes les
plus variées un nombre incalculable d'existences
nouvelles. Pour finir cette comparaison, je dirai
que le travail de cette usine naturelle, comme celui de la plupart des nôtres, occasionne souvent la
formation de produits et d'émanations insalubres
désignés ici sous les noms d'*effluves* et de *miasmes*,
et dus surtout à l'évaporation des eaux par les rayons
du soleil. La moindre goutte de l'eau d'un étang
renferme, en effet, un monde tout entier, — celui
des *animaux infusoires*, — qui vivent dans cette
gouttelette avec autant d'aisance qu'une troupe de
goujons dans la Seine, et dont les corps microscopiques sont assez nombreux pour vicier l'atmosphère
au sein de laquelle ils se décomposent quand ils sont
privés d'eau, comme le feraient des poissons laissés
à sec sur le lit d'une rivière desséchée.

Mais je n'ai pas l'intention de vous parler ici, cher
lecteur, malgré le grand intérêt que présente leur
étude, du microscope et des infiniment petits; mon
but est de vous être le plus agréable que je le pour-
rai en vous disant tout simplement ce que j'ai vu
dans mes promenades, et ce que vous pourrez voir
quand vous le voudrez tout aussi bien que moi; je

retourne donc à Chaville, et je me hâte de me retrouver au milieu des herbes aquatiques où je suis resté.

A la surface de l'étang que je contemplais, nageaient une foule d'insectes bizarres, appartenant presque tous à cette intéressante famille que les entomologistes ont appelée les *hydrocorizes* ou *punaises d'eau*.

Des essaims de moucherons, d'éphémères et de cousins, éclos depuis une heure dans ces eaux paisibles, abandonnaient avec insouciance leur humide patrie; et de grosses araignées, comptant avec raison sur l'aveuglement de ces étourdis, en prenaient une immense quantité dans les filets qu'elles avaient tendus au milieu des joncs. Des demoiselles ou libellules, aux robes de soie bleue ou verte, planaient et se poursuivaient amoureusement dans les airs; au bord de l'étang foisonnaient les plantes aquatiques, et le long de leur tige grimpaient une multitude de petits mollusques à coquillages vraiment curieux.

Le plus grand nombre de ces plantes étaient fleuries et toutes rivalisaient d'élégance et de beauté. Le bord des eaux est le rendez-vous des fleurs les plus belles; c'est un salon resplendissant où se réunissent les coquettes du monde végétal, les filles de Flore les plus fières et les plus cossues.

Comme elles ont bien su trouver l'endroit qui leur convenait le mieux !...

Le miroir des eaux reproduit leurs charmes ; la fraîcheur qui les environne conserve leur parure et perpétue leur jeunesse ; chaque jour, enfin, elles ont les compliments, les caresses et les baisers d'une foule de jolis insectes vêtus d'or et de soie, qui viennent leur conter fleurette et leur faire la cour !... Presque toutes, d'ailleurs, ont acquis droit de cité dans nos jardins, et l'on dit même tout bas que ces gentilles fleurs des champs ont excité quelque peu la jalousie des reines de nos parterres.

J'admirai pendant longtemps cette charmante société qui m'environnait : l'*ulmaire* ou *reine des prés* (*spiræa ulmaria*), balançait au vent les panaches blancs de ses fleurs odorantes ; le *butome* ou *jonc fleuri* (*butomus umbellatus*), ouvrait au soleil son *ombelle* rosée, plus agréable et moins perfide que celles de sa voisine la *ciguë d'eau* (*phellandrium aquaticum*), latéralement placées sur une grosse tige creuse ; l'élégante *salicaire* (*lythrum salicaria*) courbait mollement ses longs épis rouges, et presque à ses pieds la *lysimaque jaune* (*lysimachia nummularia*) à bon droit appelée *herbe aux écus* ou *nummulaire*, laissait traîner partout, comme un prodigue, son argent, ses feuilles rondes, semblables à des pièces de monnaie.

Un peu plus loin, les casques bronzés de la *scrofulaire noueuse* (*scrophularia nodosa*), étincelaient à côté des trèfles d'argent du *plantain aquatique* (*alisma plantago*) et des fleurs de lis d'or *des iris* (*iris pseudo-acorus*). De tous côtés enfin, les massues à pointes des *rubaniers* (*sparganium racemosum*), et celles de la Massette (*typha latifolia*) apparaissaient mêlées aux flèches de la sagittaire (*sagittaria sagittæfolia*) aux épées triangulaires et tranchantes des *carex*.

La galanterie, la noblesse et la bravoure avaient chacune au milieu de ces fleurs leurs attributs et leurs représentants.

Des étangs de Chaville à ceux de Viroflay, il n'y a qu'un pas; aussi m'étais-je décidé, après avoir exploré les premiers, à prolonger ma promenade jusqu'aux seconds; malheureusement, en m'y rendant, je rencontrai sur mon chemin un fossé large et vaseux que je n'osai me risquer à franchir et qui me força de rétrograder, effrayé que je fus par le souvenir d'une petite anecdote que je veux vous raconter en terminant :

Un des plus illustres savants de notre époque, mort depuis quelques années, le professeur D***, herborisait un jour en Normandie.

Après avoir couru toute la matinée de colline en vallon, emplissant ses cahiers de notes et sa boîte de végétaux curieux, notre botaniste arrive inopinément devant un large fossé rempli d'eau bourbeuse et de plantes aquatiques, au sein desquelles les grenouilles font entendre leur coassement narquois.

Voici le pauvre savant bien embarrassé. Il a grande envie de franchir l'obstacle; mais le bord opposé, masqué sous les herbes, ne lui paraît pas suffisamment solide et résistant.

Il avise alors un paysan qui travaille au delà du fossé, dans un champ voisin, et juge prudent de prendre auprès de lui quelques informations.

— Hé! brave homme, s'écrie-t-il, peut-on sauter facilement, s'il vous plaît?

— Espérez, monsieur, espérez, répond l'homme des champs en quittant sa bêche.

Le bon professeur n'en demande pas davantage. Satisfait de la réponse, il recule de quelques pas;

plein d'espoir, il s'élance, saute, et... tombe avec fracas juste au milieu du bourbier, où il disparaît dans la vase jusqu'à la ceinture.

Je ne vous décris pas la fureur de l'infortuné botaniste, ni la piteuse figure qu'il fait au milieu des massettes et des roseaux à travers lesquels s'en vont à la dérive ses précieuses notes submergées et souillées de boue.

Sa mésaventure, d'ailleurs, ne s'arrête pas en si bon chemin. En un clin d'œil, le paysan, qui n'a quitté sa bêche que pour s'armer d'une perche de sauvetage, est apparu sur le bord du fossé. La colère que le savant a contre lui l'étonne, il ne la comprend pas et, furieux à son tour de s'entendre invectiver par *ce monsieur*, qui pourtant s'accroche à sa perche, le bonhomme se met alors de son côté à réprimander vertement le pauvre embourbé sur son imprudence, et à le gronder bien fort d'avoir si témérairement essayé de sauter seul, quand il lui avait crié de toutes ses forces : « Espérez, monsieur, espérez !... »

La discussion dura quelque temps avant que le malentendu qui l'avait causée s'éclaircît. Le Normand finit pourtant par se convaincre que le botaniste, malgré toute sa science, ne savait pas la langue du pays, et celui-ci comprit enfin que, chez les

Normands, le verbe *espérer* est souvent synonyme d'*attendre*.

Il va sans dire que le paysan et le naturaliste se quittèrent très-bons amis.

Néanmoins, le verbe espérer est souvent synonyme
d'attendre.

Il va sans dire que le passé et le naturel se
quittent très-bons amis.

IV

LA VIGNE

IV

Je suis allé voir tout récemment du côté de Suresnes où en était la vigne et m'informer de la santé
de Jean Raisin. Je me hâte de vous dire, cher lecteur, que l'un et l'autre m'ont paru très-bien portants, et que, si l'état actuel continue, nous ne
sommes pas près de mourir de soif.

Suresnes est un endroit charmant pour étudier
la vigne; on y va cependant de préférence, attiré
par une vieille réputation pour apprécier la liqueur
vermeille que nous fournit cet arbrisseau.

Assis sous la treille rustique, on s'y demande
bien quelquefois peut-être si le vin du temps passé,

celui que nos pères appelaient le *bon vin* de Suresnes, n'était pas meilleur que celui qui s'y fabrique
aujourd'hui ; mais on est si content de boire et de
respirer à l'aise, que, sans penser à mal, on tranche
la question en disant que probablement, depuis le
bon roi Henri, les vignes du crû ont, comme toute
chose, quelque peu dégénéré.

Du haut de la colline, au pied de laquelle Suresnes s'allonge sur la rive gauche de la Seine pour
embrasser d'un côté Puteaux et de l'autre donner
la main à Saint-Cloud, on jouit, quand le ciel est
pur, d'une vue magnifique ; et si l'on a le courage
de gravir le mont Valérien qui s'élève à droite, le
tableau devient encore cent fois plus imposant et
grandiose.

L'été, les flancs de ces coteaux sont couverts de
vignes et de moissons dans toute leur étendue ; on
n'y voit que ceps qui verdoient à côté d'épis qui
blondissent. De distance en distance, serpentent entre les propriétés de ravissants petits sentiers où
l'herbe est haute, ce dont les amoureux du voisinage, qui les connaissent fort bien, ne sont pas fâ-
chés.

L'idée me vint, un jour de printemps que j'herborisais par là, de faire la flore de ces petits sentiers

herbeux. Dois-je vous dire le résultat de mes recherches ? J'y trouvai beaucoup de marguerites et
de paquerettes, deux ou trois pensées, quelques
myosotis un peu fanés, un chèvrefeuille assez triste,
mais surtout, hélas ! des coucous en grand nombre
et des soucis à foison !...

Aussi, n'osant plus interroger, à ma dernière
promenade, ces bavardes petites fleurs des champs,
me suis-je tranquillement assis sur une pierre au
bord d'une vigne, pour rêver en silence à la saison
des fruits qui bientôt allait succéder à la saison des
fleurs.

La vigne, connue de tous temps, est originaire
de l'Asie, où vécurent les premiers vignerons, Bacchus et Noé. L'Asie la transmit à la Grèce, d'où
elle passa en Italie ; les Phocéens, en fondant Mar-
seille, l'acclimatèrent sur le sol gaulois. Les anciens
avaient pour elle la plus grande vénération, et cou-
ronnaient de ses feuilles plusieurs de leurs divini-
tés ; les poètes, de tous les âges et de tous les pays,
l'ont chantée comme le printemps et les amours.

Les Grecs la nommaient *ampelos*, les Latins
vitis, les botanistes, pour ne pas laisser perdre ces

deux noms, l'appellent *vitis viniferà*, *vigne porte-vin*, et la prennent pour type de la famille des *ampélidées* ou *vinifères*.

La vigne ne peut être cultivée que dans les pays tempérés compris entre les 27° et 51° degrés de latitude. Elle ne s'étend guère au-delà de Paris ; Saint-Germain-en-Laye, Argenteuil, Saint-Denis marquent à peu près ses limites.

En quelques endroits, dans certaines vallées du centre et du midi de la France, la vigne s'est affranchie de la culture ; on la trouve à l'état sauvage, naturalisée dans les haies et les bois, mêlée aux arbrisseaux indigènes, et montrant ainsi combien elle se plaît sur le sol de notre pays. Elle est alors connue sous le nom pittoresque de *lambrusque*.

La vigne nous donne un fruit excellent et précieux, le raisin, qui renferme une liqueur des plus agréables et des richesses infinies sous son enveloppe nacrée.

C'est au mois de juin que la vigne fleurit en *grappes* irrégulièrement pyramidales comme le blé fleurit en épis. Cette disposition des fleurs ou, pour parler le langage botanique, cette *inflorescence* peut être regardée comme le symbole de l'abondance et de la fraternité.

Le raisin nous fournit le *vin*, ce *sang de la terre*, comme l'appelait Paracelse, l'*alcool* ou *esprit-de-vin*, le *vinaigre*, l'*acide tartrique*, la *crème de tartre*, etc... Il contient encore de l'eau, du sucre, du mucilage, du gluten, des sels de soude, de potasse, de chaux, de magnésie, etc... Ses petites graines pierreuses renferment enfin une huile très-propre à l'éclairage.

Les viticulteurs français ont, depuis quelques années, beaucoup amélioré les qualités du raisin et très-heureusement multiplié ses variétés. Nous avons aujourd'hui des morillons excellents, des muscats délicieux, des chasselas exquis; et tous les peuples envient les vignobles de la France.

Pris en quantité modérée, les raisins sont rafraîchissants, stomachiques, adoucissants, diurétiques, etc. Le matin, à jeun, ils sont aussi laxatifs, propriété précieuse dont les Méridionaux ont parfaitement su tirer parti pour se débarrasser une fois l'an, quelques jours avant les vendanges, de la bile qui les gêne..... Ils appellent cela *prendre le raisin*.

Cet excellent fruit, le meilleur au point de vue de l'hygiène alimentaire, doit être choisi dans une parfaite maturité. Sa pellicule, seule partie indigeste, doit surtout être fine, mince, sans rides à l'état frais, et remplie d'une liqueur douce et parfumée. Cette liqueur, lorsque le fruit n'est pas mûr, porte le nom de *verjus*; elle est fortement astringente; mais, modérément employée dans les sauces, elle excite l'appétit.

Les raisins ont un grand avantage sur beaucoup de fruits; ils peuvent aisément se conserver frais pendant tout l'hiver et une grande partie de l'année suivante. Dans les pays où ce mode de conservation constitue une branche de commerce, on enferme les grappes à l'abri de toute humidité, dans des boîtes ou des barils, en ayant bien soin d'isoler les grains les uns des autres, à l'aide de son ou de mousse parfaitement desséchée.

J'ai connu autrefois un vieux jardinier qui excellait à conserver les raisins de sa treille : il les cueillait en plein midi, par un beau jour de soleil, choisissait les grappes les plus lâches, les débarrassait de tous les grains un peu suspects, enlevait ceux qui n'avaient pu se développer entre les autres, et même quelques-uns des bons quand ils étaient trop serrés. Après cela, il attachait chaque grappe avec un fil, non pas par la queue comme

on fait en beaucoup d'endroits, mais par la pointe,
de sorte qu'en suspendant ainsi la grappe par le
bout, ses rameaux s'écartaient, les grains ne pesaient
plus les uns sur les autres, s'isolaient et se conser-
vaient bien à l'abri de tout contact. Le brave jardinier garnissait de ces grappes choisies une dizaine
de cerceaux qu'il attachait au plafond d'un grenier, loin des atteintes des insectes et de l'humidité; puis, quand il y avait gala chez le maire ou
le curé de son village, il en tirait toujours assez
d'argent, disait-il, pour s'acheter un bel arrosoir,
un râteau, ou bien une bêche toute neuve.

Dans le midi de la France, on fait sécher les raisins au four ou au soleil, après les avoir plongés
avec leurs râfles dans un bain de soude. On obtient
ainsi les *raisins secs* ou *raisins de caisse*, beaucoup plus pectoraux que les raisins frais. On les
prépare à peu près de la même manière à Damas
et dans les îles Ioniennes. Ces derniers, qu'on
nous expédie de Céphalonie principalement, et
qu'on nomme *Raisins de Corinthe*, parce qu'ils
en venaient autrefois, sont petits, noirâtres et ne
contiennent pas de pepins.

Les qualités du raisin ne dépendent pas seulement de son espèce, comme cela a lieu pour beaucoup de fruits, elles tiennent surtout du sol où il puise sa nourriture et du soleil qui le mûrit.

La saveur et les arômes si divers des vins des différents crûs nous montrent combien ces qualités sont variées et nombreuses.

C'est le soleil qui donne au vin la force, la chaleur, l'âme, c'est-à-dire l'alcool ; aussi, comme le prouve l'analyse chimique, les vins du Midi sont-ils les plus spiritueux de tous.

Les vins dont la réputation est universelle, peuvent d'après leur richesse en alcool, être énumérés dans l'ordre que voici :

Marsala, Oporto, Madère, Xérès, Roussillon, Malaga, Bagnols, Grenache, Bordeaux, Sauterne, Frontignan, Champagne, vins du Rhin, Ermitage, Côte-Rotie, Volnay, Chambertin, Beaune, Nuits, Mâcon, Beaujolais, Graves, Tokai, Château-Laffitte, Château-Margaux, etc., etc., les premiers contenant, sur cent parties, vingt-quatre parties d'alcool, le dernier huit parties seulement.

Il vous en coûtera peut-être, cher lecteur, après cette petite excursion à travers les meilleurs vignobles, de retourner sur les coteaux de Suresnes, où

le vin, par les étés les plus chauds, ne contient
jamais guère plus de six pour cent d'alcool ; cependant il est temps que je vous y ramène pour vous
parler d'un malheureux cep que j'y découvris l'autre jour et dont les grappes atrophiées étaient envahies par cet affreux parasite qu'on appelle l'*oïdium*.

Ce cep devait être malade depuis longtemps, car
ses feuilles, que l'oïdium n'attaque jamais que la
deuxième année, après avoir sévi sur le fruit lui-
même, présentaient de nombreuses traces de ses
ravages. Elles étaient couvertes de taches et de traî-
nées grisâtres étendues aussi sur les pétioles et le
long des sarments. Les grappes, plus gravement
atteintes encore, n'avaient pu se développer, et les
grains de raisin, petits et ratatinés, étaient durs
comme la pierre.

Les ceps du voisinage, bien portants d'ailleurs,
avaient été débarrassés par le soufre de leur cruel
ennemi. Celui que j'avais sous les yeux, oublié
sans doute, dépérissait de jour en jour.

L'oïdium de la vigne, dont tout le monde a entendu parler, faillit causer, il y a quelques années,
la ruine de la plupart des pays vignobles. C'est un

petit végétal *cryptogame*, c'est-à-dire dont on ne connaît pas les organes reproducteurs, appelé par les botanistes *oïdium Tuckeri*, du nom du savant qui l'a le mieux décrit et rangé dans la famille des *mucédinées* ou *moisissures*.

Terrible famille que celle-là, malgré la faiblesse de ses membres, êtres microscopiques, pygmées infimes du règne végétal, qui, se développant subitement et par milliers à la fois, comme les champignons leurs pères, ont pu donner aux savants la première idée de la *génération spontanée!*...

Ces petites plantes parasites ne paraissent être en effet que les filles de l'air et de l'humidité, mais elles naissent véritablement d'un *spore*, sorte de graine invisible et insaisissable, poussière vivante, que l'air et les vents recueillent, transportent et sèment aveuglément partout.

Il suffit que l'endroit où tombent ces spores convienne à leur espèce et soit légèrement humide, pour que leur germination s'effectue quelquefois sur un grand espace et avec une extrême rapidité. C'est ainsi qu'ont pris naissance de terribles fléaux, entre autres l'épidémie d'oïdium de la vigne, à laquelle je faisais tout à l'heure allusion.

Je vis un jour un magnifique spectacle en regardant au microscope la surface d'un grain de raisin envahi par l'oïdium. Ce grain m'apparaissait aussi gros que devaient être ceux de cette fameuse grappe rapportée autrefois à grand'peine de la terre promise par sept Hébreux. Il était tapissé par le cryptogame d'un réseau très serré de filaments blanchâtres entre croisés dans toutes les directions. Ces filaments étaient de très minces tubes cloisonnés de distance en distance comme des tiges de blé au niveau des nœuds. Plusieurs s'élevaient çà et là au milieu des autres : ils étaient terminés par une ou deux petites boules qui les faisaient ressembler à de fines épingles implantées sur le grain de raisin comme sur une pelote.

Dans l'intérieur de ces boules microscopiques, appelées *conceptacles,* je distinguais, semblables à des points grisâtres, des milliers de spores entassés et superposés comme des graines dans une tête de pavot. Un moment, trois ou quatre de ces conceptacles s'ouvrirent, et les spores s'en échappèrent pour être emportés par le vent qui les dispersa de tous côtés.

La plupart des mucédinées et des uredinées, leurs

sœurs, ont avec l'oïdium la plus grande analogie.
Chez quelques moisissures qui viennent sur la
viande ou le pain, on distingue parfaitement à l'œil
nu les tubes et les conceptacles.

Tout ce petit monde parasite s'est fait dans la
science une réputation très grande et fort triste
aussi, malheureusement.

C'est une espèce d'oïdium qui produit, dans la
bouche des enfants à la mamelle, la maladie appelée *muguet*; les *trichophytes* et les *microspores,*
ses voisins, occasionnent les *teignes* et diverses affections cutanées; les *botrytis* causent les maladies
de la pomme de terre, des tomates, des betteraves,
et celle des vers à soie nommée *muscardine*; l'*erineum de la vigne*, qu'il ne faut pas confondre avec
l'oïdium, car il n'attaque jamais que le dessous des
feuilles, les déprime comme on le ferait avec un
poinçon, et les fait ainsi paraître toutes bosselées en
dessus. Il est très-commun quelquefois aux environs de Paris, mais il n'est pas dangereux.

Aux *uredo* sont dues les altérations des blés que
les paysans nomment *charbon, rouille, carie*; à la
sphacélie des moissons, l'*ergot du seigle*; à vingt
autres enfin, les maladies des poiriers, des oran-
gers, du maïs, du safran, etc., etc.

Le soufre est le souverain remède contre toutes ces invasions cryptogamiques; il est surtout efficace contre l'oïdium de Tucker, et beaucoup de riches vignobles lui doivent leur salut.

La vigne, cependant, n'a pas à redouter que cet obscur parasite, et dans ma promenade à Suresnes j'en rencontrai bien d'autres qui menaient joyeuse vie au milieu des grappes, et vivaient tout à fait à leurs dépens.

Les *escargots* aux coquilles noires, rayées de noir *(helix nemoralis)*, grimpaient aux échalas, et d'autres appartenant à cette grosse espèce comestible que l'on trouve à Paris chez tous les marchands de vin et que les naturalistes nomment l'*hélice vigneronne (helix pomatia)*, couvraient les sarments de leur bave argentée.

Çà et là, des troupes de pierrots et de friquets tapageurs, imitant le mauvais exemple des grives, piaillaient et se disputaient sous les feuilles des ceps comme des ivrognes au cabaret. Ailleurs, le *charanson Bacchus (rynchites Bacchus)*, que les vignerons nomment *la bêche*, mettait sournoisement en perce, avec sa trompe, un énorme grain de raisin; plus loin, des essaims de guêpes et de bourdons aux brillants uniformes voltigeaient autour des grappes, et, comme des troupiers en goguette, se grisaient de vin et d'amour.

Comme je contemplais ces joyeuses bacchanales, un petit papillon de nuit, triste et sombre comme un traître de mélodrame, sous ses ailes verdâtres rayées de noir, vint, comme un trouble-fête, se poser sur une feuille du cep que j'avais sous les yeux.

Je reconnus à son costume un malfaiteur des plus terribles, et, sans autre forme de procès, je me hâtai de l'incarcérer dans une petite boîte que j'avais sur moi. C'était la *pyrale de la vigne (pyralis vitis)*, dont les chenilles jaunâtres, hérissées de poils et désignée par les viticulteurs sous les noms de *ver blanc, couque, ver de la vendange,* etc., ont à plusieurs époques, par leur nombre incalculable, dévasté complètement plusieurs provinces vinicoles.

C'est ordinairement au mois de mai que ces chenilles, de la famille des *tordeuses,* commencent leurs redoutables travaux. Elles ont le fatal instinct de nouer, de coudre, de froisser, d'entortiller en tous sens, au moyen de fils de soie, les feuilles et les fleurs de la vigne pour se faire un nid propre à loger leurs cocons, et c'est ainsi qu'elles déforment, étouffent, asphyxient les ceps même les plus vigoureux.

Leur apparition subite, inattendue, par millions à la fois, dans une seule vigne, a réalisé de nos jours l'antique légende des plaies d'Égypte.

Aux seizième et dix-septième siècles, elles causèrent de tels ravages aux environs de Paris et dans la Champagne, que les prêtres durent faire en grande pompe des processions dans les vignes, et comme c'était alors l'usage, menacer d'*excommunication* ces dangereux insectes s'ils ne quittaient au plus vite le territoire qu'ils dévastaient.

Plus tard, et jusqu'à nos jours, on essaya divers procédés de destruction, l'*écimage*, l'*échenillage*, etc., qui ne réussirent qu'imparfaitement.

Le docteur Chenu, qui donne à ce sujet des détails fort intéressants dans son *Encyclopédie d'histoire naturelle*, estime que sur trois mille hectares de vignobles complètement envahis par le fléau dans vingt-trois communes des départements de Saône-et-Loire et du Rhône, les pertes occasionnées par la pyrale furent pendant dix années (de

1828 à 1837) de *soixante-quinze mille hectolitres de vin par an, au minimum!...*

Quelque effrayants que soient ces chiffres, que les vignerons de Suresnes se rassurent cependant!... La pyrale n'est vraiment dangereuse que lorsqu'elle s'est multipliée au delà de toutes limites, et je puis leur assurer que celle que j'ai prise dans leurs vignes n'avait pas encore pondu!...

V

UNE CHASSE AU BOA

SUR LES BORDS DE LA MARNE

V

UNE CHASSE AU BOA SUR LES BORDS DE LA MARNE.

Depuis Charenton jusqu'à Saint-Maur, la Marne, encombrée de petites îles, roule ses eaux au milieu d'une végétation splendide. Tout ce que la flore aquatique a de plus riche et de plus varié se trouve réuni sur ses bords. La rivière, majestueuse comme une reine, coule paisible entre les herbes et les fleurs, venues exprès pour fêter son passage comme une foule enthousiasmée pour saluer un triomphateur. Les menthes, les salicaires, les butomes, les iris, les épilobes, les eupatoires, etc., foisonnent sur ses rives, s'y pressent, s'y confondent, se haussant joyeusement les uns au-dessus des autres pour agiter en signe d'allégresse leurs panaches fleuris.

Sur plusieurs points, les douces-amères et les liserons grimpent aux saules pour mieux voir, comme les enfants aux arbres. Ici les nénufars, les potamots, les renoncules blanches s'étalent et s'enchaînent à la surface des eaux comme pour les revêtir d'une ceinture merveilleuse ; ailleurs, d'un bord à l'autre de deux îles opposées, les bryones et les clématites suspendent au-dessus de la rivière leurs guirlandes embaumées, où se balancent les libellules.

La Marne, un peu nébuleuse et troublée comme si elle pressentait le voisinage de la Seine, où elle va mourir, ridée çà et là sous le coup d'aile d'une hirondelle, s'échappe à regret de ces îles verdoyantes jetées dans ses eaux comme pour en arrêter le cours.

Je me promenais un jour sur ces bords enchantés, où tous les dimanches de la belle saison, d'innombrables pêcheurs à la ligne viennent s'enfoncer paisiblement au milieu des roseaux, comme des troupes d'ibis à long bec dans les papyrus des rives du Nil.

Il n'y en avait pas un seul ce jour-là : des bandes de goujons, de vérons et d'ablettes remontaient tranquillement la rivière sans être tentées par aucun asticot, et sous mes pieds de grosses grenouilles obèses et ventrues bondissaient, étonnées d'entendre passer quelqu'un.

Je pouvais admirer à mon aise la splendeur du paysage, les demoiselles aux yeux verts, les insectes amoureux sur les fleurs, les énormes nénufars jaunes entr'ouverts sur les eaux ; je voyais des myriades d'éphémères naître, aimer et mourir ; j'entendais les chansons des oiseaux dans les branches et celles des grillons dans les herbes ; je recueillais des plantes et je rêvais...

Tout à coup j'aperçus, au détour d'un épais massif d'aunes et de sureaux fleuris, à une quinzaine de pas devant moi, trois jeunes enfants, deux petits garçons et une fillette, debout sur la rive, à quelque distance de l'eau... Cette vue dissipa ma rêverie, car j'ai toujours eu beaucoup d'amitié pour les enfants, et je me plais à causer avec eux quand je les rencontre dans mes promenades.

Tous les enfants sont plus ou moins naturalistes : courir dans les champs, fureter dans les buissons, cueillir des fleurs, soulever des pierres, faire des trous pour trouver des bêtes... c'est le paradis pour eux !

Mes premières études d'histoire naturelle datent de l'époque où je faisais sortir, avec un brin de paille, les grillons de leurs trous.

Un grand nombre d'enfants apprennent en s'amusant ainsi beaucoup de choses. Les petits bergers connaissent souvent fort bien les mœurs des oiseaux et de plusieurs insectes. Je me rappelle en avoir rencontré un, une fois, qui m'a raconté les métamorphoses de la punaise d'eau, comme aurait pu le faire le plus savant de nos entomologistes, Réaumur.

Aussi, dans mon excursion sur les bords de la Marne, me hâtai-je de joindre les trois jeunes enfants qui semblaient être venus faire l'école buissonnière en cet endroit charmant.

Comme je marchais au milieu des plantes aquatiques, sous des saules touffus, je pus arriver tout près d'eux sans avoir été remarqué.

Des deux petits garçons, l'aîné me parut être âgé de dix à douze ans, et la fillette de sept à huit environ. Ils étaient tous trois assez mal vêtus, sans ressembler pourtant à des vagabonds, et je vis avec surprise qu'ils paraissaient en proie à quelque contrariété. Leur physionomie était boudeuse; ils faisaient une vilaine moue et délibéraient avec une gravité qui n'était pas de leur âge. Le plus grand surtout, nu-tête et vêtu d'une blouse rentrée dans le pantalon, paraissait fort vexé. Il retournait avec anxiété le fond de ses poches, se grattait l'oreille par moments et secouait la tête avec un certain dépit. La petite fille, qui portait une touffe d'herbe dans son tablier, avait l'air d'avoir bien peur; l'autre bonhomme, à peu près du même âge que sa sœur, pleurnichait et remuait convulsivement une gaule d'osier qu'il tenait à la main.

Cependant je sortis de la saulée; ils m'aperçurent, et je vis l'expression de leurs visages changer tout à coup. La surprise s'y peignit d'abord, puis une joie mêlée d'un peu de crainte et de timidité. Je compris que les pauvres affligés seraient bien aises de me confier le motif de leur peine, et j'allai droit à eux. La fillette, étonnée de mon accoutrement de botaniste, fixa sur moi ses yeux un peu gonflés et larmoyants, mais d'un bleu d'azur à faire mourir de jalousie les petits myosotis qui foisonnaient à ses pieds.

L'aîné des garçons, bientôt rassuré, s'empressa de m'adresser la parole.

« Monsieur, me dit-il, nous sommes venus ici

couper du jonc pour papa qui est jardinier à Saint-Maur. Nous en avons fait un paquet, mais comme nous allions l'emporter, un gros serpent s'est jeté sur nous !... un boa ainsi !... Il nous a fait peur, vous pensez ! Nous nous sommes sauvés au grand galop ! Tout est resté là-bas, près de ce buisson... notre paquet, nos cordes et mon chapeau !... Il n'y a pas moyen de les ravoir si le boa ne veut pas s'en aller ! Il ne bouge pas !... Il a une gueule ! mâtin !... On en voit comme ça au Jardin-des-Plantes... Vous savez !... »

— Oh ! oh ! un boa ! répondis-je en riant. On n'en trouve pas à Saint-Maur, mes enfants !... N'ayez pas peur ! nous allons nous entendre avec ce monsieur-là !

— C'est pourtant vrai ce que dit Polyte ! s'écria l'autre petit en essuyant ses yeux et son nez du revers de sa manche; il est venu l'autre jour une ménagerie à la fête de Charenton, et il y avait des boas ! et même on en a perdu un qui s'est sauvé !

— Et celui-ci est au moins aussi gros que ça. Tenez ! continua le frère aîné en me montrant sa cuisse entourée de ses deux mains.

— Savez-vous bien, mes petits, que ce que vous me racontez-là n'est guère encourageant, répondis-je.

— Monsieur, ajouta naïvement la petite fille, papa me les a fait voir à la ménagerie de Charenton, les boas !... Çà coûtait deux sous... ils étaient empaillés !...

— A la bonne heure, au moins !... voilà qui me rassure !...

— Ah oui ! monsieur, est-ce qu'elle peut savoir, Nini?... répliqua le frère aîné.

— Tu vas voir qu'elle aura raison, lui dis-je... Viens me montrer l'endroit où se tient cette vilaine bête qui vous a tant effrayés...

— Ah ! mais monsieur, comme ça ! non... si vous avez des pistolets dans votre caisse de ferblanc... je veux bien.

— Nous n'avons pas besoin de pistolets, mon cher ami; cette branche d'osier que ton frère tient à la main suffira...

— Ah bien ! ce n'est pas moi qui *s'en sargerais* avec ça, par exemple !

— Tous les savants disent, mon petit, qu'avec une baguette souple et flexible on peut tuer les plus gros serpens, pourvu qu'on les frappe bien fort sur le dos... Il faut leur casser la colonne vertébrale.

— L'os de l'échine... Je sais... papa, dans un temps, m'a tapé assez dessus, allez!

— Hé bien, partons! Conduis-moi... ton frère et ta petite sœur vont nous attendre un peu, ce ne sera pas long...

Pensant qu'il ne s'agissait que d'une couleuvre commune dont la frayeur avait exagéré les dimensions aux yeux des enfants, je confiai ma boîte à herboriser à mademoiselle Nini, et je pris pour toute arme la baguette d'osier des mains de son petit frère.

— Firmin, dit à celui-ci Polyte, en le baisant au front, ne bouge pas, et ne pleure pas, surtout!... ça ne servirait qu'à faire tout rater!...

Je réduisis la baguette à quatre-vingts centimètres de longueur à peu près, et, guidé par Polyte, dont le courage grandissait avec le danger, je me dirigeai du côté de la rivière à travers les roseaux, les carex et les sagittaires très épais en cet endroit. Au bout d'une vingtaine de pas, nous aperçûmes à quelque distance, sur le sable au bord de l'eau, le paquet de joncs et les cordes laissés par les enfants. Polyte s'arrêta :

— Monsieur !... je ne vois pas le chapeau... Mâtin ! est-ce qu'il l'aurait mangé ?... Il y en a bien un qui a avalé sa couverture au Jardin - des-Plantes !...

— Nous allons voir, lui dis-je; ne crie pas si fort.

Nous avançâmes encore de trois pas et nous nous accroupîmes dans les grandes herbes dont les cimes fleuries ondoyaient au-dessus de nos têtes. Le chapeau, visible alors, était appuyé contre une touffe d'iris et le tronc grisâtre d'un jeune saule. Çà et là, sur le sable humide, apparaissaient de grosses pierres limoneuses et des branches mortes où pendaient de longues algues chevelues.

Dans ce petit coin, les rayons du soleil, glissant à travers le feuillage, faisaient sur le sol trois ou quatre taches de lumière. Tout à coup, une sorte de râle prolongé sortit de la poitrine de Polyte :

— Monsieur, me dit-il, je le vois !

— Où ? demandai-je.

— Là, entre le saule et le chapeau... dans le soleil... J'en vois un morceau long comme la main.

Je regardai, je cherchai à distinguer quelque chose, je ne pus y parvenir.

— Moi, je reste ici, dit Polyte.

— Bien ! ne bouge pas, lui répondis-je.

J'avançai un peu, me traînant sur les mains et les genoux...
Soudain, je vis se remuer quelque chose d'énorme, plus volumineux que le poing... Un frisson, accompagné d'une secousse involontaire, me parcourut tout le corps ; je sentis que je pâlissais et que mes cheveux se dressaient sur la tête.

C'était le serpent, mais six fois plus gros que je ne l'attendais. Au même instant, Polyte me jeta comme une ironie ce seul mot : « Hein ? » puis j'entendis dans le lointain les gémissements et les sanglots du jeune Firmin et de la petite Nini.
Polyte, qui tournait de plus en plus au gamin de

Paris, les entendit aussi et me cria : « M'sieu ! v'là les autres qui font de la musique ! vous pouvez commencer la danse !... » Mais je ne riais plus ; assis sur les talons, je ne perdais pas de vue le monstre, et les pensées les plus effrayantes se pressaient dans mon esprit.

Après tout, pensai-je, nos savants sont-ils bien sûrs qu'on puisse toujours casser les reins à un serpent, quel qu'il soit, avec une baguette souple et flexible ?...

Et ma baguette me paraissait bien fragile en ce moment-là...

Pourtant, me disais-je, ce ne peut être qu'une couleuvre... Mais cette grosseur ?... Serait-ce une espèce bien rare qui n'aurait pas encore été découverte ?...

Puis je me ressouvenais d'une foule d'histoires terrifiantes sur les serpents à sonnettes et les boas ; je pensais aussi à la ménagerie de Charenton et même aux contes ridicules du serpent de mer et de celui de la rue Lacépède, et je ne sais pas trop si je ne reculais pas un peu.

Enfin, au bout de quelques minutes d'hésitation, honteux de ma poltronnerie et poussé par ma curiosité de naturaliste, je fis trois ou quatre pas en rampant sur le ventre, me faufilant sans bruit entre les graminées, et j'arrivai à portée de l'épouvantable reptile.

Je n'en découvrais jamais que la même portion courte et difforme, le reste m'étant caché par la touffe d'iris et le chapeau de Polyte.

Je sentis alors une sueur froide perler sur mon front, mon cœur battre avec force dans ma poitrine, et dans ma main fébrile je serrai fortement la baguette d'osier.

Je la soulevai avec lenteur, ne perdant pas de l'œil le reptile, et calculant en même temps comment je pourrais lui briser les reins, sans qu'aucun obstacle, branche ou plante, pût arrêter ou faire dévier le coup.

Ramenant alors mon bras au-dessus de la tête, et visant bien le point vulnérable, je me redressai subitement sur les genoux et je déchargeai de toutes mes forces un coup de baguette sur le dos de l'animal...

J'entendis le sifflement strident de la verge d'osier, un cri de Polyte, un coassement effroyable du côté du reptile, et soudain, cher lecteur... une grenouille énorme bondit et vint tomber dans l'herbe à mes pieds, tandis qu'un serpent grisâtre se tordait convulsivement au pied du saule...

Je partis d'un grand éclat de rire ; le problème du boa venait de trouver sa solution. Le serpent était une couleuvre des plus ordinaires, recouverte d'écailles grises, tachetées de noir sur les côtés du corps et d'un blanc pur autour du cou.

Je reconnus la *couleuvre à collier* (*coluber Natrix*) désignée en divers pays sous les noms d'*anguille de haie*, *ser*, *charbonnière*, *serpent nageur*, etc., une descendante enfin de ce monstre fameux que les anciens appelaient *hydre*, et que Jupiter envoya régner sur les grenouilles mécontentes du soliveau.

Notre couleuvre, restée fidèle aux bons principes de ses aïeux, digérait avec béatitude, aux bords de la Marne, le plus dodu de ses sujets.

La grenouille avalée lentement et toute vivante, était arrêtée dans le gosier du tyran, et descendait moelleusement dans son estomac, lorsque mon coup de baguette vint couper court à cette effrayante déglutition.

Le cou du serpent, extrêmement dilatable, était énormément distendu par cette proie, et comme les enfants et moi n'avions aperçu que cette portion gonflée de l'animal, nous nous étions imaginé avoir affaire, eux à un boa, moi je ne sais plus à quel reptile extraordinaire.

Sur le coup de baguette, l'hydre, mortellement atteinte, avait rejeté sa victime.

La pauvre grenouille, encore vivante et fort ébahie de revenir d'aussi loin, avait seulement sur le dos une double rangée d'égratignures parallèles occasionnées par les bonnes dents de son roi. Elle sautait et gambadait heureuse sur le gazon, accueillie par les cris de joie des trois enfants, qui promptement accourus au bord de l'eau, trouvaient tout cela fort plaisant et riaient jusqu'aux larmes.

Le batracien revenait insensiblement au soleil de ses fortes émotions, et prenait par instant les poses cocasses de ces grenouilles empaillées que l'on voit, groupées sur une planchette, faire des orgies dans les vitrines des naturalistes sur les boulevards. Au bout de quelques minutes, les enfants la laissèrent partir, et toute joyeuse elle courut piquer une tête et commencer une seconde vie dans les paisi-

bles flots de la Marne, qu'elle avait bien désespéré
sans doute de jamais revoir.

Quant à la couleuvre, lorsque je l'eus reconnue,
je regrettai beaucoup de l'avoir frappée si fort. La
couleuvre à collier, douce et craintive, est en effet
un animal des plus innocents. Il nage et rampe
avec une extrême facilité ; ses mouvements sont vifs
et gracieux ; pris jeune, il est susceptible d'une certaine éducation. D'après Lacépède, en Sardaigne,
les jeunes femmes prennent plaisir à élever des cou-
leuvres à collier, et les paysans sont heureux de
les voir entrer dans leurs maisons...

Malheureusement , notre pauvre serpent des
bords de la Marne avait eu la colonne vertébrale
rompue au niveau du cœur. Il mourut en quelques
secondes en vomissant un flot de sang. Les enfants
me demandèrent la permission de l'emporter. Ils
l'attachèrent au bout d'une branche d'osier, l'en-
tourèrent de feuillages et de guirlandes de fleurs, et
me firent leurs adieux. Ils partirent enchantés dans
la direction de Saint-Maur. Je les suivis longtemps
du regard, jusqu'à ce que les arbrisseaux et les
grandes herbes les eussent entièrement cachés à ma
vue ; et quelques heures après, en rentrant à Paris,

je songeais encore avec bonheur aux espiègleries de Polyte, aux terreurs du petit Firmin, aux jolis yeux bleus et aux naïfs éclats de rire de Mlle Nini...

VI

UNE MÉNAGERIE D'INSECTES

VI

UNE MÉNAGERIE D'INSECTES.

Le plus riche et le plus charmant vallon qui soit au monde, est bien certainement celui qu'arrose le petit ruisseau du Plessis, entre la colline de Sceaux et Fontenay-aux-Roses.

C'est un immense jardin consacré tout entier à la culture des fleurs. Elles y croissent à la fois par milliers de la même espèce ; et, comme leur variété est infinie, elles y forment pendant toute la belle saison une série de moissons embaumées, qui donnent à cet heureux vallon une parure toujours fraîche et des parfums toujours nouveaux.

La première floraison qui s'y montre est celle des arbres fruitiers.

A l'époque de leur épanouissement, rien n'est plus ravissant que ce paradis terrestre qui, d'un côté, descend jusqu'à la Bièvre, et s'élève, de l'autre, jusqu'aux moulins à vent de Fontenay.

Après les arbres fruitiers, les lilas, les acacias, les roses, les clématites, les chèvrefeuilles, les viornes, les aristoloches éclosent et s'épanouissent de toutes parts. A la fin du printemps, le vallon a l'aspect d'une immense corbeille pleine de feuillages et de fleurs.

Les coquettes maisons blanches semées dans cet Eden sont envahies par des légions de plantes grimpantes. Le lierre et la vigne vierge escaladent les grillages qui tapissent leurs murs; et sur les portes, autour des fenêtres, jusque sur les toits, la glycine mêle ses grappes splendides aux guirlandes aériennes des rosiers grimpants.

Au sommet de la colline, à l'est du Plessis, il y a une série de petits ravins ombragés, d'où la vue s'étend au loin sur le vallon et les campagnes environnantes. Le sol, en cet endroit, forme une multitude de plis et d'ondulations très pittoresques, où les plantes sauvages abondent et où les insectes fourmillent.

Quelques sentiers tortueux, changés en ruisseau

pendant l'hiver, y passent pour aller rejoindre la route de Châtillon, tracée au milieu du plateau qui sépare le versant de Clamart de celui de Fontenay.

C'est là que je m'étais assis l'autre jour, après une longue promenade aux environs d'Aunay et de Robinson. J'avais posé sur l'herbe, à côté de moi, mon humble bagage de naturaliste, composé d'une grande boîte et d'un filet à papillons, et j'admirais au milieu de mes plantes, deux orchidées indigènes, l'*ophyrse nid d'oiseau (ophrys nidus avis)* et l'*orchis tacheté (orchis maculata)*, que je venais de recueillir dans les jolis petits bois de Cocluchon et d'Écoute-s'il-Pleut.

Tout à coup j'entendis du bruit à travers les arbres; puis une voix, des rires, des cris joyeux, et je vis bientôt apparaître au-dessus des herbes, à soixante pas environ de l'endroit où j'étais placé, une jeune demoiselle et un petit garçon, armés comme moi de filets de gaze et courant de toutes leurs forces après un papillon qui fuyait devant eux.

Presque aussitôt, un monsieur d'une cinquantaine d'années, et porteur d'une cage en toile métallique, apparut à son tour. Il mesura d'un coup d'œil la distance qui séparait le brillant lépidoptère des jeunes chasseurs, et soudain il s'écria avec une certaine tristesse :

— Ah!... trop tard! Nous ne l'aurons pas!...

Cependant, voyant ce dont il s'agissait, je m'étais promptement débarrassé de mes plantes et j'avais instinctivement saisi mon filet à papillons.

Justement, l'insecte poursuivi arrivait sur moi presque en droite ligne et ne s'élevait pas sensiblement à plus de deux mètres au-dessus du sol.

En un clin d'œil, il fut à ma portée.

Il décrivit un zigzag au-dessus de ma tête, mais je fis rapidement tournoyer mon filet autour de lui, et j'eus le bonheur de l'envelopper dans la gaze.

Un triple cri de joie salua cette heureuse capture, et les chasseurs fort essoufflés vinrent m'adresser leurs félicitations.

— Ah! vraiment, c'est une belle prise, s'écria le monsieur à la cage de métal, c'est une très belle prise... et vous devez être content, monsieur, de votre coup de filet!...

— Il me semble, en effet, répondis-je, que ce papillon est d'une espèce assez rare... C'est la *Nymphale Camille*, si je ne me trompe?...

— Justement!... un lépidoptère que l'on trouve quelquefois à Fontainebleau, mais qui vient bien rarement jusqu'à Fontenay.

— Y a-t-il longtemps que vous le poursuivez, monsieur?...

— Depuis un quart d'heure à peu près... n'est-ce pas, Albert! dit le naturaliste en s'essuyant le front.

A cette demande, le petit bonhomme, qui pouvait bien être âgé de douze ans environ, écarta avec un geste superbe son uniforme de collégien, fouilla gravement dans son gousset, en tira une petite montre, et dit avec un mouvement de tête approbateur :

— Un quart d'heure?... Oh! oui, papa!... Il est trois heures et demie, et c'est à trois heures douze minutes qu'Émilie l'a aperçu!

En entendant ces paroles, Mlle Émilie, qui paraissait compter quinze printemps, ajouta, après un charmant sourire :

— Et sans cette maudite montre que tu ne peux t'empêcher d'avoir toujours à la main, il y a un bon quart d'heure aussi que tu aurais pris le papillon, mon cher Albert !

— Mais alors, mademoiselle, repris-je, je n'aurais pas eu le plaisir de vous être utile, ni le bonheur de vous offrir ce bel insecte, qui d'ailleurs est bien véritablement à vous.

La jeune fille rougit un peu et se confondit en remerciements. Son père voulut absolument aussi me faire garder le précieux lépidoptère ; mais à force de prières, je parvins cependant à le leur faire accepter.

Mlle Émilie glissa sa blanche main sous la gaze verte du filet, et, deux secondes après, le papillon captif secouait la poudre d'or de ses ailes sur les jolis doigts roses de la jeune chasseresse.

Le naturaliste ouvrit la cage qu'il portait, et, après y avoir soigneusement enfermé le lépidoptère, me prit affectueusement la main.

— Monsieur, me dit-il, n'y a-t-il pas d'indiscrétion à vous demander où vous allez ?

— Nullement, monsieur; je compte traverser le plateau du Plessis et descendre à Clamart.

— Eh bien, en ce cas, je vous emmène à Châtillon... c'est sur votre chemin, et je serai vraiment très heureux de vous montrer ma maisonnette et mes collections...

J'acceptai sans façon l'invitation qui m'était faite avec tant de cordialité, et, chemin faisant, je causai avec le naturaliste.

— J'aime beaucoup l'histoire naturelle, me dit-il, mais j'ai surtout une vraie passion pour les insectes.

Je suis heureux quand je vois ces petits animaux pleins de vie travailler pour le bien-être de leur progéniture.

Je ne les tue jamais... Vous voyez, j'ai une cage pour les emporter vivants.

J'ai fait construire dans mon jardin une grande serre que j'appelle le *Palais des insectes*. Nous n'avons rien de semblable au Muséum. C'est là que je mets tous ceux que je rapporte de mes promenades. Ils y trouvent, suivant leurs besoins, des herbes, du sable, des cailloux, un rocher, de la terre, de l'argile, un tronc d'arbre, des arbustes, de l'eau... tout ce qui peut leur être nécessaire.

Je puis comme cela les étudier à mon aise, et c'est très amusant, je vous en réponds...

J'ai adopté, pour mes insectes, une singulière classification. Vous me trouverez un peu retardataire peut-être quand vous la connaîtrez; mais je ne suis pas exclusif... C'est la classification simple et gentille proposée par Réaumur. Voilà un naturaliste qui aimait les insectes ! Quel beau livre il a fait!... Aussi j'ai suivi ses idées, et je classe mes insectes d'après l'ouvrage et le métier qu'ils font... J'ai comme cela des insectes *menuisiers*, des *maçons*, des *tapissiers*, des *cartonniers*, des *terrassiers*, des *mineurs*, des *tisserands*, et même des *fossoyeurs* et des *musiciens!*...

Vous verrez tout à l'heure ces ouvriers à la besogne...

En causant de la sorte, nous étions arrivés à Châtillon devant une maison de fort belle apparence, et séparée de la rue par une petite cour ornée d'une pelouse et de rhododendrons.

Nous entrâmes, et je complimentai le naturaliste

sur le bon goût avec lequel était entretenue cette charmante villa.

— Ah! mon cher monsieur, me répondit-il en soupirant, c'était bien mieux encore, il y a six ans... quand nous étions heureux auprès de celle que nous avons perdue !...

Et je vis une larme rouler dans ses yeux.

— Mais venez..., ajouta-t-il aussitôt. Allons voir la ménagerie... Je crois que mes enfants ont été y porter notre nouveau pensionnaire.

Nous traversâmes un grand jardin rempli de fleurs et d'arbustes, et bientôt nous franchîmes le seuil du palais des insectes. La nymphale rendue à la liberté y voltigeait de fleur en fleur, et Mlle Émilie admirait en silence son vol capricieux.

Un bourdonnement continuel se faisait entendre dans la galerie, et une foule d'insectes de toutes les espèces marchaient, couraient, sautaient, voletaient çà et là, grimpant aux plantes et se heurtant aux vitrages.

C'était étrange et vraiment fort curieux.

Dans des vitrines, closes du côté des spectateurs et ouvertes seulement du côté de la campagne, habitaient les espèces dangereuses par leur morsure et leur aiguillon. C'est ainsi qu'on voyait travailler en toute sécurité des abeilles dans une ruche, comme au Jardin d'acclimatation ; des guêpes et des polistes dont le nid aux cellules hexagonales est entouré de lames papyracées semblables à du carton ; de laborieuses fourmis qui rapportaient du dehors les matériaux nécessaires, à l'édification de leur fourmilière.

L'ingénieux naturaliste, qui avait disposé toutes ces belles choses, me montra ensuite le compartiment des *insectes menuisiers*.

J'y remarquai, dans un morceau de tronc d'arbre, de superbes galeries creusées par les *bostriches* et les *scolytes* si nuisibles à nos forêts, et dans un gros madrier l'admirable nid de la *xylocope violette*. Ce dernier était composé de cinq à six petites chambres carrées, de grandeur différente, pour que l'insecte qui s'y développe soit toujours à l'aise à mesure qu'il grandit.

A la section des *terrassiers* et des *mineurs*, je sondai avec un long fil de fer plusieurs corridors souterrains percés par des *courtilières* et des *géotrupes*, et je contemplai longtemps les manœuvres d'un *fourmilion* caché au fond d'un entonnoir qu'il avait pratiqué dans le sable.

Dès qu'une fourmi, ou tout autre petit insecte, s'approchait de ce gouffre, le chasseur en embuscade lui lançait, à l'aide de sa tête, une grêle de graviers qui le précipitaient presque toujours dans l'abîme, où il était alors fatalement dévoré.

La classe des *tisserands* n'était représentée que par une grosse *epeire diadème*, sorte d'araignée à l'abdomen richement coloré, qui se tenait immobile au centre d'une toile parfaitement ourdie.

Tout près de cette dernière était la case des *musiciens,* que Mlle Emilie nommait plus justement l'*orchestre*. Le personnage le plus notable de ce compartiment était une véritable *cigale* que l'on avait fait venir exprès de la Provence pour l'entendre chanter tout l'été. Il s'y trouvait aussi quelques *grillons* et des *criocères*, qui, par le frottement répété de leurs ailes, produisaient ce bruit sec et strident que tout le monde connaît.

Comme nous étions occupés à entendre la musique, le petit Albert, qui ne songeait plus à sa montre, nous appela de l'autre extrémité de la galerie :

— Venez vite ! venez vite ! s'écriait-il, venez voir un enterrement !...

Nous nous approchâmes ; l'enfant disait vrai.

Sur un carré de terre humide gisait une petite musaraigne qui, probablement, avait été jetée là par le jardinier.

Sept ou huit gros insectes noirâtres exhalant une forte odeur de musc et marqués de bandes rouges sur les élytres, s'étaient glissés sous le corps du petit mammifère et travaillaient à son inhumation. C'étaient des *nécrophores-fossoyeurs,* connus encore sous le nom d'*enterreurs* et de *porte-morts*, qui traduisent exactement leur dénomination scientifique.

Ils creusaient et soulevaient la terre avec une ardeur incroyable, la grattaient avec leurs pattes, alternativement sous la tête et sous le ventre de la musaraigne, et celle-ci s'enfonçait doucement dans la fosse. En quelques instants nous la vîmes descendre à douze centimètres au-dessous du niveau du sol.

Les fossoyeurs, pour se payer de leur peine, montèrent alors sur le cadavre, se régalèrent des meilleurs morceaux, et ceux d'entre eux qui étaient des femelles y pondirent leurs œufs. Après cela, tous se remirent à l'œuvre pour couvrir le corps de terre, et, cette besogne terminée, ils se dispersèrent de différents côtés.

— Quelles mœurs singulières et bizarres ! s'écria le naturaliste enthousiasmé. Que d'instinct et de merveilleuse sagacité chez tous ces petits êtres !...

Restait à voir la case des insectes *maçons*. Elle était remplie de morceaux et de débris d'une pierre tendre, friable et légèrement colorée en jaune. Je pris à la main un de ces fragments et je perçus, en le remuant un peu, un frémissement bien manifeste, causé par un insecte qui s'agitait à l'intérieur.

— N'est-ce pas, demandai-je au naturaliste, un nid de ces hyménoptères, voisins des abeilles, que l'on nomme des *osmies ?*

— Précisément, me répondit-il, et je pense que nous les verrons sortir de leurs cellules dans deux ou trois jours.

Puis, s'adressant à sa fille, il ajouta :

— Te rappelles-tu bien l'histoire des osmies, Emilie ?

— Oh ! certainement, répondit la charmante enfant ; elle est bien trop jolie pour que je l'oublie jamais. La voici : Les osmies sont de petites abeilles qui creusent dans la terre de longs corridors en forme de tube pour y cacher leurs petits. Sur les côtés de ces corridors, elles percent des cellules qui ressemblent à un dé à coudre, elles en tapissent les parois avec des pétales de coquelicot, et mettent au fond de chacune un petit œuf avec un gâteau de miel.

Quand ce travail est terminé, elles ferment avec de la terre la porte de la cellule qui s'ouvre dans le corridor, et elles s'envolent pour ne plus revenir. Mais voilà que le petit œuf enfermé dans la cellule éclôt un beau jour. Il en naît un vermisseau qui mange le gâteau de miel et qui devient à son tour une osmie avec des ailes.

Dans les pierres que nous avons ici, nos osmies sont comme cela maintenant.

Quand elles seront assez fortes, elles perceront la porte qui ferme leur cellule, et bientôt elles feront pour leurs petits ce que leurs parents ont fait pour elles !...

Cette charmante leçon terminée, j'adressai mes félicitations à la jeune naturaliste, et comme souvenir je reçus de sa main un de ces mystérieux nids d'abeilles prêtes à éclore.

Je l'enfermai dans ma boîte à herboriser, et je fis

mes adieux à ces hôtes aimables auprès desquels ma journée s'était si doucement écoulée.

Je quittai la délicieuse villa et le palais des insectes dont j'avais tant admiré l'ingénieuse disposition, et je me dirigeai vers Clamart.

Quelques minutes après, j'étais à Paris et j'installais sur un guéridon le nid de pierre des intéressantes osmies.

Pendant plusieurs jours, j'ai écouté les graves bourdonnements qui sortaient de cette masse informe pleine d'êtres vivants ; depuis hier, les abeilles brisent leurs cellules et s'envolent joyeusement par la fenêtre ouverte.

Je les vois partir une à une et je les suis des yeux. Beaucoup prennent la direction de Fontenay-aux-Roses.

Quelques-unes retourneront-elles à l'endroit d'où elles sont venues, pour faire la joie du bon naturaliste qui les aime tant, et fixer un instant le regard plein de douceur de Mlle Emilie?...

VII

DANS L'HERBE

VII

DANS L'HERBE.

Il y a dans le monde végétal une famille de plantes extrêmement répandues et fort utiles qui s'épanouissent en grand nombre au commencement de l'été, mais dont les fleurs, en général petites, verdâtres, écailleuses, sans éclat, n'attirent presque jamais l'attention.

Ces plantes poussent partout, car tous les terrains et tous les climats leur conviennent ; malheureusement, leur excessive multiplicité n'est qu'une raison de plus pour qu'on les dédaigne. Tout le monde les foule aux pieds ; le jardinier les expulse de ses plates-bandes, et le fleuriste les bannit de ses bou-

quets, dans la crainte que leur costume trop rustique ne déplaise à la rose et au jasmin.

Montrez à quelqu'un une touffe de ces végétaux,
il vous dira froidement : « C'est de l'herbe ! » Un
paysan vous répondra : « C'est du foin ! » Un gros
fermier : « C'est du fourrage ! » Seul, un ami de la
nature pourra vous dire : Ce sont des Graminées. »

Quelle précieuse et intéressante famille ! Linnée,
à la fois savant et poète, disait qu'elle est composée
des *Plébéiens* du règne végétal, parce que ces plantes,
fortes et simples comme le peuple, constituent comme
lui la puissance et le soutien d'un empire.

Examinons, en effet, d'une manière générale ces
innombrables graminées disséminées sur tous les
points du globe.

Nous trouvons à leur tête le *blé*, le *seigle*, le *riz*,
la *canne à sucre*. Viennent ensuite le *maïs*, l'*orge*,
l'*avoine*, le *sorgho*, le *poa d'Abyssinie*, dont on fait
du pain ; la *larmille de l'Inde*, qui donne une farine estimée ; la *glycérie flottante* ou *herbe à la
manne*, le *cynodon pied-de-poule* et le *chiendent*,
usités en médecine ; les *panis millet*, et *d'Italie*, dont
on fait une boisson fermentée ; le *phalaris des Ca-
naries* ou *millet des oiseaux* ; l'*andropogon*, qui
fournit le parfum nommé *vétiver* ; les *agrostides*,

qui peuvent donner une teinture verte ; le *sparte*, dont on fait des cordes ; le *stipe tenace*, dont on fait des corbeilles ; le *bambou*, le *roseau à balais*, le *roseau à quenouilles* ou *canne de Provence*, les *élymes*, dont les racines traçantes fixent les sables au bord de la mer, etc., etc.

Où trouver dans le monde de Flore une famille plus bienfaisante que celle-là ?

Il y a quelques jours, voulant consacrer une de mes promenades à l'étude des graminées, j'allai herboriser le long de la Bièvre, entre Verrières et Palaiseau. J'y recueillis en peu de temps une magnifique gerbe des plantes que je voulais connaître, et je m'assis au milieu d'une verte prairie, à l'ombre d'une touffe de saules, pour les examiner à loisir.

Ma récolte avait été fructueuse ; j'avais en ma possession la *fléole* et le *vulpin des prés*, dont les épis serrés ressemblent à de petites massues ; la *houlque*, à la tige laineuse ; le *dactyle*, aux fleurs pelotonnées ; l'*agrostide*, jouet du vent ; le *brome mollet*, aux épillets en fuseau ; l'*amourette tremblante*, chère aux amoureux ; la *flouve*, aux suaves parfums ; l'*ivraie Raygrass*, bien distincte de sa méchante sœur l'*ivraie enivrante*; enfin, un très-grand nombre de *fétuques* et de *paturins*.

Ce sont toutes ces plantes, collectivement désignées sous le nom d'*herbe*, qui font la richesse de nos prés, quoiqu'elles ne soient pas cependant les seules qu'on y rencontre. Rien n'est plus varié, au contraire, que la composition d'une de ces grandes nappes de verdure. On y trouve des végétaux de tous les genres et de toutes les espèces, et je ne connais vraiment pas d'histoire plus intéressante que celle d'une prairie.

Les herbes les plus curieuses y foisonnent, les insectes les plus étranges y passent leur vie au sein de l'abondance et de la tranquillité, les phénomènes les plus extraordinaires s'y accomplissent tous les jours. Ce vaste ensemble d'êtres organisés, animaux et plantes, est gouverné par les grandes lois de la nature.

A l'aurore, tout ce monde se réveille; la fleur ouvre sa corolle, ses étamines d'or frissonnent amoureusement au souffle du matin, ses parfums s'exhalent pour embaumer l'atmosphère.

L'insecte déploie ses ailes, chante, voltige, fait l'amour, butine, travaille; les vivifiants rayons du

soleil font éclore à chaque instant des milliers d'existences. Ce qui n'était à l'aube qu'à l'état d'embryon,
se trouve au crépuscule à l'apogée de son développement. La vie est partout. On examine une plante ;
sur sa tige et ses feuilles apparaissent des corpuscules insignifiants, gros comme des grains de poussière ; tout à coup, ces atomes se dilatent, grossis-
sent, crèvent ; c'étaient des œufs. De chacun il s'é-
chappe un petit être étincelant qui ne vivra que
quelques heures peut-être, mais qui donnera naissance, avant sa mort, à une infinité d'autres atomes
semblables à celui dont il est né.

Les mœurs de la plupart des êtres qui composent
ou habitent une prairie excitent souvent l'admiration.

J'ai trouvé, dans ma dernière promenade et bien
d'autres fois encore, une plante de la famille des
composées, la *crépide à feuilles de pissenlit (crepis
taraxacifolia)*, dont la fleur se ferme tous les jours
à quatre heures du soir avec une exactitude remarquable. Je connais bien des horloges qui n'ont pas
une telle précision. Ce qu'il y a de plus étonnant,
c'est que cette plante, coupée au niveau du sol et
placée dans un verre d'eau sur ma cheminée, a
fonctionné encore assez régulièrement pendant cinq

à six jours. Je lui donnais de temps en temps un peu d'eau fraîche pour la remonter ; mais, hier, ma charmante pendule a clos vers midi ses pétales dorés, et je crains bien aujourd'hui que sa dernière heure ne vienne de s'épanouir !...

La *crépide* n'est d'ailleurs pas la seule plante qui possède cette remarquable propriété. Un grand nombre d'autres, la *pâquerette*, le *pissenlit*, la *belle-de-jour*, etc., présentent le même phénomène, et, comme la plupart, s'ouvrent ou se ferment à des heures différentes ; Linnée avait pu composer avec des fleurs une sorte d'horloge, un peu inexacte il est vrai, qu'il nommait l'horloge de Flore.

Tandis qu'au sein de la prairie, ces intéressants végétaux marquent les heures de la journée, d'autres, par un mécanisme semblable, prédisent la pluie et le beau temps. Ce sont les végétaux hygrométriques. Les mieux observés sont le *souci pluvial* et la *campanule agglomérée*, qui se ferment dès que le ciel s'obscurcit, et le *laiteron de Sibérie*, qui, plus sage encore que ces derniers, annonce dès la veille le temps qu'il fera le lendemain.

Aussitôt que le soleil est descendu derrière l'horizon, toutes les plantes se livrent au sommeil. Alors, leur mode de respiration change complètement ; elles exhalent, au lieu d'oxygène, de l'acide carbonique, et beaucoup replient leur corolle pour passer la nuit.

La lumière seule peut les réveiller ; mais celle du soleil n'est pas la seule qui ait ce pouvoir ; plusieurs fois, en effet, un savant botaniste, Bory de Saint-Vincent, a réussi, à l'aide d'une lumière artificielle, à arracher au sommeil un grand nombre de ces belles dormeuses.

Un autre phénomène bien remarquable, que les fleurs présentent quelquefois pendant la nuit, est celui de la *phosphorescence*. Il a été découvert par la fille de Linnée elle-même, qui, voyant un soir des éclairs jaillir d'une touffe de pavots, courut en avertir son père. L'illustre Suédois put jouir à son tour de ce curieux spectacle, et, depuis cette époque, beaucoup de botanistes ont observé le même phénomène sur plusieurs autres végétaux.

A mesure que les plantes de la prairie se développent et grandissent, une multitude d'insectes naissent et fourmillent au milieu d'elles. Les uns, *phytophages*, s'y nourrissent de feuilles et de fleurs; les autres, *carnassiers*, se cachent dans l'herbe comme des brigands dans une forêt, et croquent à souhait les pauvres herbivores.

Je ne crois pas qu'il y ait sous ce rapport d'insectes plus malheureux que ces petits êtres bizarres qu'on appelle *pucerons*.

Tout le monde connaît ceux qui vivent par troupes sur les rosiers, mais une foule d'autres plantes en nourrissent des espèces à peu près semblables, qui toutes semblent avoir été faites uniquement pour être mangées.

Sans elles, un grand nombre d'insectes carnivores mourraient de faim; l'étrange organisation et la multiplication incroyable des pucerons en fournissent la preuve.

Ces *aphidiens*, comme les nomment les naturalistes, ne produisent pas, en effet, moins de onze générations par année, et la première de ces générations est uniquement composée de femelles.

Celles-ci ont, de plus, la faculté de donner naissance, sans accouplement préalable, à d'autres femelles, qui peuvent aussi, sans être fécondées, produire dix générations successives de petits des deux sexes. A ces derniers pourtant s'arrête cette puissante force de reproduction ; ils ne peuvent plus engendrer sans accouplement.

Un savant distingué, M. Tougard, a fait à ce point de vue de curieuses recherches sur le *puceron lanigère (aphis laniger)*, si nuisible aux pommiers, qu'il couvre de volumineuses excroissances. D'après ses observations, chacun de ces aphidiens, donnant naissance en moyenne à cent petits, qui multiplient dans les mêmes proportions, se trouve avoir produit, au bout de la dixième génération à peu près, *un quintillon* d'individus !

On se demande, en présence de ce chiffre prodigieux, ce que deviendraient nos arbres et nos plantes si les insectes carnassiers n'étaient pas là pour les défendre.

Les fourmis ont une autre façon bien curieuse de diminuer le nombre des pucerons. Elles s'en emparent, les font prisonniers, et les emportent avec les plus grands ménagements jusque dans leur fourmilière ; là, elles les caressent de leurs antennes, et bientôt les heureux captifs, confus ou charmés des bons soins qu'on a pour eux, laissent suinter, par deux petits tubes placés à l'extrémité de leur abdomen, une ou deux gouttelettes d'un liquide sucré dont les fourmis sont très-friandes. Pour se procurer cette liqueur en abondance, elles élèvent et nourrissent dans leurs galeries souterraines des troupeaux de pucerons qui sont bien véritablement alors, suivant l'heureuse expression de Linnée, les *vaches des fourmis.*

Pendant que ces dernières chassent parmi les herbes et tracent sur le sol une infinité de petites routes aboutissant à leur fourmilière, le champêtre grillon, tranquillement posé à l'entrée de son terrier, chante sa joyeuse chanson.

Modestement revêtu de ses ailes noirâtres, il est content de son indépendance et ne porte point envie aux insectes brillants qu'il voit parader autour de sa maison. Il ne se laisse éblouir ni par le manteau pourpre de la *coccinelle*, ni par les armures dorées des *cétoines*, ni par la robe de velours des *bourdons*, ni par les blanches ailes de l'*hémérobe*, cent fois plus fines que la dentelle; il se moque même un peu, je le crois, lui, le philosophe de la prairie, des antennes démesurément longues des prétentieux *longicornes*, ces gandins du gazon ; des sauts de carpes si bien exécutés par les *taupins* lorsque, tombés sur le dos, ils veulent se remettre sur leurs pattes ; des grands nez des *charançons* et des *calandres* ; de l'étourderie et des maigres mollets des *sauterelles voyageuses*, dont la bouche distille un amer poison !...

Presque tous ces insectes, et bien d'autres encore, restent fidèles à la prairie qui les a vus naître. Ce n'est que lorsque la nourriture leur manque qu'ils émigrent en masse pour aller vivre ailleurs. Les sauterelles se sont rendues, sous ce rapport malheureusement, beaucoup trop célèbres ; car depuis l'époque reculée où elles occasionnèrent la septième plaie d'Égypte, bien des pays ont été dévastés par leurs terribles émigrations.

Lorsque le soleil brille d'un vif éclat, et durant les heures les plus chaudes de la journée, les fleurs des prés reçoivent encore les hommages et les caresses d'une foule de visiteurs. On voit voltiger au-dessus d'elles des essaims de papillons et d'abeilles, des *chrysis* à l'abdomen de feu, des *ichneumons* à la taille élancée, des *volucelles* au bourdonnement sonore, une infinité de petits êtres charmants qui fraternisent avec bonheur autour des corolles ouvertes.

J'étais heureux de contempler l'autre jour, au bord de la Bièvre, cette union intime entre la fleur et l'insecte ; je cherchais à découvrir les liens mystérieux qui les attachaient l'un à l'autre ; je me demandais pourquoi chaque animalcule avait son végétal préféré, et comment il se faisait, cependant, que parmi tant de plantes aucune ne fût délaissée ; j'admirais la grande harmonie de la nature, et j'enviais même un peu le bonheur que goûtaient tous ces êtres dont la vie éphémère paraissait remplie de tant de félicité.....

Tout à coup, j'entendis à quelque distance une sorte de grincement métallique et sonore qui me fit frissonner... Je regardai... C'était un homme armé d'une grande faux qui moissonnait par milliers ces heureuses existences !...

VIII

UN FLÉAU

VIII

UN FLÉAU.

Il y a deux mois environ, les bois du département de la Seine commençaient à se couvrir de feuilles et de fleurs.

Le printemps, qui s'était fait longtemps attendre, apparaissait enfin, et les dernières journées d'avril activaient la végétation, trop longtemps retardée par le froid et la pluie.

Les herbes grandissaient, les arbrisseaux et les arbustes étalaient déjà leurs feuilles ; mais, plus sage que ces derniers, les grands arbres n'osaient se hasarder encore et laissaient le soleil développer doucement leurs jeunes bourgeons. En quelques jours, leur feuillage s'épanouit ainsi, presque insensiblement, et la campagne fut bientôt dans toute sa splendeur.

Je me souviens d'être allé à cette époque faire une excursion dans les bois de Marly, d'où je revins enchanté. Jamais la nature ne m'avait paru plus belle. Les fleurs et la verdure, étincelantes de jeunesse, semblaient avoir une fraîcheur inaccoutumée, et les rameaux des arbres se balançaient au vent avec une grâce infinie.

Malheureusement, une si grande beauté ne devait avoir qu'une durée éphémère ; sous ces voûtes de feuillages facilement perméables encore aux rayons du soleil, couvait sournoisement un terrible fléau.

Bientôt, en effet, les promeneurs qui revenaient des bois de Meudon, de Verrière, de Viroflay, ceux même qui n'avaient pas dépassé le bois de Boulogne, en rapportaient de fâcheuses nouvelles.

On les entendait dire des phrases comme celles-ci : — « C'est étonnant, les arbres commencent à sécher... — Nous venons d'un endroit où il pleut des chenilles... etc., etc. »

Un monsieur, un peu distrait, en avait rapporté chez lui une demi-douzaine sur son chapeau. Un campagnard en avait écrasé plusieurs centaines en se promenant dans une allée...

Depuis ce temps, un grand nombre d'arbres ont été ravagés par la dent des insectes, et bien souvent j'ai pu voir à la besogne ces féroces dévastateurs.

Un jour surtout, étant allé herboriser dans les bois de Sèvres et de Chaville, je rencontrai un énorme chêne qui, de loin, m'avait semblé complètement dépouillé. A l'extrémité de ses grosses branches, quelques maigres rameaux supportaient pourtant encore de petits bouquets de feuilles à demi-rongées ou tordues sur leurs pédicules. Des myriades de chenilles avaient envahi l'arbre séculaire et s'acharnaient à le dévorer.

Elles étaient si nombreuses, qu'elles formaient çà et là sur les branches même les plus grosses des plaques et des anneaux aussi larges que hideux. Le plus grand nombre appartenait à cette espèce de chenilles que l'on a nommées les *Processionnaires,* à cause de leurs singulières allures ; mais, à côté d'elles, s'en trouvaient beaucoup d'autres tout aussi redoutables.

Le chêne était planté devant un escarpement assez élevé, du haut duquel on dominait les branches
les plus basses de l'arbre. Le jugeant très-propre
à me servir d'observatoire, j'y grimpai aussitôt
pour suivre un instant les manœuvres des dévastateurs. Je m'installai commodément à l'ombre d'un
bouquet de jeunes bouleaux et me fis un excellent
fauteuil d'une touffe de genêts fleuris.

De l'endroit où j'étais, je distinguais parfaitement
tout ce qui se passait sur l'arbre, dont quelques
branches venaient presque toucher mes pieds, et
j'entendais le bruit sec et monotone que faisaient
en broyant les mandibules des insatiables mangeurs de feuilles.

Ceux-ci n'étaient pas dispersés au hasard sur le
chêne ni mêlés ou confondus entre eux. Ceux d'une
même espèce ne s'éloignaient pas les uns des autres ;
ils vivaient en famille, et chaque groupe ravageait,
sans être troublé par son voisin, la portion du gigantesque végétal qu'il avait choisie. Il y avait une
certaine symétrie et beaucoup d'ordre dans cette
dévastation. L'arbre était méthodiquement dévoré
du centre à la circonférence, et c'était dans ce sens
que les chenilles avançaient toujours, ne laissant
amais une feuille intacte derrière elles.

L'innombrable armée des processionnaires occupait les grosses branches que le chêne envoyait vers ma gauche; sur les branches qui s'étendaient à droite, manœuvraient séparément les épais bataillons de leurs auxiliaires.

Une foule de maraudeurs et de pillards, comme on en voit à la suite de toutes les armées, voltigeaient autour de l'arbre et participaient activement à sa ruine. Parmi ces derniers, étaient des *hannetons* qui s'attaquaient aux feuilles, des *buprestes verts* et des *scolytes*, dont les larves perfides allaient bientôt creuser sous l'écorce de larges galeries et perforer l'arbre lui-même.

Grâce à la diversité de leurs costumes et de leurs allures, je pus aisément dénommer les envahisseurs.

Après les processionnaires, les chenilles les plus nombreuses étaient les *tordeuses* ou *rouleuses vertes (tortrix viridana)*, reconnaissables à leur tête noire et à leur robe vert-pomme ponctuée de brun.

Leur façon d'agir était vraiment bizarre; elles *tordaient* ou plutôt enroulaient les feuilles qu'elles avaient saisies, de manière à leur donner la forme d'un fourreau dans lequel elles pénétraient ensuite pour en dévorer les parois, et quand les aliments étaient épuisés sur une branche, elles descendaient le long d'un fil sur les branches inférieures.

Au moment où je les observais, plusieurs d'entre elles commençaient à se transformer en chrysalides ; depuis ce temps, presque toutes sont devenues de petits papillons nocturnes aux ailes vertes, qui pondent aujourd'hui leurs œufs sur les chênes de nos bois.

Tout près des tordeuses, se trouvaient les groupes nombreux des *chrysorrhées (bombyx chrysorrhea)*, marquées sur le dos de deux lignes rouges, et portant sur leurs flancs noirâtres des faisceaux de poils blancs. Sur des branches voisines se montraient en bataillons serrés les larves voraces du *bombyx neustrien (bombyx neustria)*, dont le bariolage rouge et blanc justifie le nom de *livrées* que leur donnèrent autrefois les naturalistes Geoffroy et Engramelle.

Les papillons de ces deux bombyx éclosent en juillet. Celui de chrysorrhée, blanc comme la neige, a seulement une tache fauve à l'extrémité de l'abdomen ; le neustrien, d'un brun rougeâtre, se reconnaît à deux lignes jaunes tracées sur ses ailes antérieures.

Pendant que toutes ces chenilles ravageaient les branches basses de l'arbre, celles d'une autre espèce, la *géomètre hiémale (geometra brumata)*, en dévastaient la cime. Ces dernières, appartenant à la grande tribu des *arpenteuses*, élevaient à chaque pas la partie moyenne de leur corps à la manière d'une anse, s'arrêtaient un instant, s'allongeaient et se dressaient de nouveau, paraissant mesurer ainsi le chemin qu'elles parcouraient.

Le papillon de la hiémale est grisâtre et voltige, pendant les nuits d'octobre, dans les bois et les jardins.

Par une étrange anomalie, sa femelle est aussi laide et difforme qu'il est délicat et mignon. Privée d'ailes et semblable à un ver noirâtre ou à une araignée, elle attend à la cime des arbres les fortuites caresses de son volage époux. Bien souvent, elle passe des nuits entières exposée au froid et à la pluie, froissée et secouée par le vent, sans voir venir l'objet de ses rêves ; mais aussitôt que la nature a contenté ses désirs, elle travaille avec ardeur pour sa progéniture.

Elle cherche dans les fentes de l'écorce un nid qui lui convienne, une petite cachette bien sombre, bien abritée, aussi voisine que possible des bour-

geons qui serviront de pâture à ses petits au printemps prochain ; et après y avoir pondu ses œufs,
elle meurt, emportée le plus souvent par la bise
glaciale de l'hiver.

Je considérai longtemps avec un vif intérêt ces
innombrables rongeuses qui réduisaient le pauvre
chêne à l'état de squelette ; mais bientôt l'aspect de
cet arbre si cruellement dépouillé me fit penser
aux divers moyens proposés pour combattre un tel
fléau.

Je songeai à l'*échenillage* et au *badigeonnage*, à
la *cueillette* et au *grattage des œufs*, aux *enduits*
et aux *solutions chimiques*, aux *anneaux aggluti-
nants* où se prennent les chenilles, aux *feux crépusculaires* où se brûlent les papillons, et même à
l'idée de certains naturalistes qui conseillent de
laisser la nature se charger complètement de la destruction des insectes nuisibles.

Tout à coup, une étrange agitation se manifestant
dans l'armée des processionnaires, vint me distraire
de mes réflexions.

Je vis avec surprise qu'il ne restait plus un morceau de feuille sur les branches qu'elles occupaient, et je compris qu'elles se mettaient en mouvement pour aller chercher pâture ailleurs.

En un instant, toutes ces chenilles grisâtres, hérissées de longs poils qui les rendaient plus horribles encore, se réunirent et se rangèrent avec un ordre admirable. Une d'elles marchait à la tête de toutes les autres et semblait les guider. Leur nombre était si considérable que de longues branches en étaient totalement enveloppées et qu'il me semblait voir se remuer ces branches elles-mêmes.

A chaque instant, d'ailleurs, des retardataires se joignaient au corps d'armée principal, et je vis bientôt s'y réunir encore un escadron de deux ou trois cents individus que je n'avais pas aperçus tout d'abord. Ces derniers sortaient d'un grand sac de soie caché dans une enfourchure de l'arbre et sous lequel les chenilles se retirent pour muer ou se chrysalider. Aussitôt qu'ils eurent rejoint leurs camarades, l'immense *procession* parut accélérer sa marche, gagna le tronc de l'arbre, et au lieu de monter plus haut, comme je l'aurais cru, se dirigea rapidement vers le sol. La descente de cette troupe de barbares avait quelque chose d'effrayant.

Au moment où le chef et les premiers rangs touchaient la terre, l'arrière-garde couvrait encore la base des rameaux.

En un clin-d'œil, ils traversèrent un espace de sept à huit mètres de largeur, écrasant et coupant les herbes, éventrant les feuilles, broyant et dévastant avec une aveugle fureur tout ce qui se trouvait sur leur passage. Jamais invasion ne fut plus horrible. Bientôt enfin, l'Attila qui les conduisait grimpa sur le tronc d'un autre chêne qui s'offrit à lui. Ses fidèles compagnons s'élancèrent à sa suite, et ce deuxième arbre, déjà un peu malade, fut en quelques minutes complètement envahi...

Mais soudain, de graves bourdonnements retentirent à mon oreille, et je vis sept ou huit grosses mouches voltiger et planer comme des oiseaux de proie sur les insatiables dévastateurs.

A leur corselet grisâtre rayé de noir, à leur abdomen en treillis noir et bleu, je reconnus aisément les nouvelles arrivées. C'étaient des *mouches des larves* (*musca larvarum*), les plus terribles ennemies des chenilles...

Avec une incroyable furie, elles fondirent sur les processionnaires qui, fort effrayés à leur ap-

proche, venaient de s'arrêter court, et pendant
vingt minutes, elles les harcelèrent sans relâche,
enfonçant dans leur peau souple et molle la tarière
aiguë qu'elles portaient à la pointe de leur abdomen. A chaque coup, elles déposaient dans la plaie
un ou deux œufs microscopiques ; les chenilles,
incapables de se défendre, se contractaient en vain
pour leur échapper ; ce ne fut qu'après avoir terminé leur ponte que les mouches vengeresses dis-
parurent pour ne plus revenir.

Vous devinez sans doute, cher lecteur, ce que
devinrent ces œufs déposés dans le corps des processionnaires ?...

Après avoir mangé quelque temps encore, ces
chenilles rentrèrent sous leur tente de soie, y filè-
rent chacune un cocon et s'y endormirent pour se
transformer en insectes parfaits.

Un imprudent, qui se serait avisé d'aller à ce moment les réveiller ou de toucher à leur demeure, aurait été cruellement puni de son indiscrétion. Une
poussière, composée des poils extrêmement ténus
qui recouvraient les chenilles, serait tombée sur son
visage et sur ses mains et lui aurait causé de cui-

santes démangeaisons, sinon une inflammation plus ou moins violente.

Cependant, à mesure que les processionnaires accomplissaient leur métamorphose, les œufs des mouches se développaient aussi dans le corps de celles qui avaient été piquées.

De ces œufs, naquirent bientôt de petites larves qui dévorèrent les chenilles, se transformèrent en mouches dans leur dépouille et s'en échappèrent un jour pour aller vivre dans les airs.

Quant aux processionnaires assez heureuses pour n'avoir pas reçu le fatal dépôt d'un parasite, elles devinrent de petits papillons aux ailes grises, marqués de lignes transversales alternativement claires et foncées.

La mouche des larves, quoique très redoutable pour les chenilles, n'est pas le seul insecte que la nature emploie pour réduire leur nombre et limiter leur multiplication. Tous les coléoptères carnassiers, les *cicindèles*, les *carabes*, les *staphylins*, rendent sous ce rapport d'immenses services à nos agriculteurs; il en est de même des *ichneumons*, proches parents de la guêpe, de plusieurs espèces de mouches et aussi de quelques araignées.

Si l'on considère à côté de ces bons serviteurs,
très utiles, quoique petits, la phalange des oiseaux
insectivores et quatre ou cinq mammifères et reptiles de petite taille, tels que le hérisson, la chauve-
souris, le lézard, le crapaud, etc., on admirera certainement la puissance de la nature, qui, suivant
qu'elle dirige bien ou mal ces quelques ouvriers,
arrête ou propage des fléaux contre lesquels l'homme
est à peu près impuissant.

IX

VOYAGE SCIENTIFIQUE

EN BATEAU

DE PARIS A SAINT-CLOUD

VOYAGE SCIENTIFIQUE EN BATEAU DE PARIS
A SAINT-CLOUD.

J'ai eu tout récemment le plaisir d'entendre un vieux marin raconter ses voyages dans toutes les mers, et, comme tous ceux qui l'écoutaient, je me suis vivement intéressé au récit de ses longues aventures.

Cela m'a même donné l'idée, un peu prétentieuse je l'avoue, de vous dire que moi aussi, cher lecteur, j'ai bravé les flots, et que j'ai fait, tout comme un autre, mon voyage de long cours.

Je n'ai visité, il est vrai, ni les glaciers du pôle, ni les archipels de l'Océan Pacifique; mais en revanche, j'ai parfaitement exploré les îles de la

Seine, entre Auteuil et Saint-Cloud. Je n'ai jamais abordé chez les Papous, qui se nourrissent de poissons crus, mais je suis descendu très souvent au Bas-Meudon, joli petit pays dont les habitants fort civilisés boivent du vin bleu et préparent à ravir les matelotes et les fritures.

Au lieu d'un beau navire à l'élégante carène, au lieu de vagues écumantes, de récifs à fleur d'eau, de marsouins et d'anthropophages, je n'ai donc à vous présenter qu'une mauvaise barque doucement poussée par le courant paisible de la Seine entre deux rives peuplées de joncs, de grenouilles et de pêcheurs à la ligne... C'est assurément bien mesquin, mais je compte sur votre indulgence.

Un jour, au soleil levant, je pris mes filets, un petit panier et une longue canne et je me rendis sur le quai de Passy, où un naturaliste de mes amis m'avait donné rendez-vous. Je le trouvai à peu près accoutré comme moi. Nous descendîmes sur la berge de la Seine, où nous attendait une grande barque conduite par deux rameurs, et après nous y être commodément installés, nous démarrâmes pour gagner le large.

Nous avions résolu d'explorer les rives de la Seine pour nous rendre compte de leur richesse scientifique, et mon ami Georges s'était chargé d'équiper le bateau nécessaire à notre expédition. Pendant quelque temps, les berges manquant d'intérêt, nous suivîmes le milieu du fleuve ; nous passâmes devant Grenelle, aux nombreuses usines ; devant Auteuil, aux riches villas ; nous admirâmes les arches du viaduc et les beaux travaux exécutés pour le chemin de fer de ceinture, et vis-à-vis Point-du-Jour nous franchîmes les fortifications.

D'un côté, toute la plaine de Billancourt et de Boulogne ; de l'autre, la ligne boisée des collines de Clamart, de Meudon et de Sèvres, s'offrirent alors à notre vue.

La campagne, éclairée par un beau soleil, était magnifique.

— C'est là-bas, me dit mon ami en me montrant au loin la coupe blanchâtre d'un talus escarpé, c'est là-bas, auprès de ce petit village qui se nomme les Moulineaux, que se trouvent les fameuses carrières de craie d'où l'on tire le *blanc de Meudon*. Un autre blanc, qui se vend deux fois plus cher parce qu'on l'appelle *blanc d'Espagne*, vient aussi de là, en grande partie. — Nous irons un jour visiter ces carrières, qui sont très intéressantes. — Depuis les Moulineaux, où elle se montre au niveau du sol, jusqu'à Sèvres où elle se perd, tu peux, d'ici, te rendre compte de l'épaisseur de cette colline de craie. Dans toute son étendue, elle est recouverte par un lit d'argile assez pure en quelques endroits pour qu'on puisse en faire des assiettes; et elle est entremêlée de minces couches de *silex pyromaque* ou pierre à fusil.

Cette craie est la formation la plus ancienne du bassin de Paris. C'est sur elle que se sont successivement déposés, pendant une période de siècles incalculable, le calcaire, le gypse, les grès et les sables, tous les terrains enfin sur lesquels on a depuis bâti Paris et tous les villages qui l'environnent...

Où était l'homme, quand cette craie s'est formée?... Qui pouvait dire quand ces puissantes assises s'étageaient, qu'un jour il viendrait un être bizarre à deux pieds et à deux mains qui démolirait tout cela à coups de pioche, qui ferait sauter avec quelques grains de poudre ces imposantes bâtisses, qui prendrait cette craie, la ferait cuire, la réduirait en poussière, la taillerait en petits bâtons pour écrire des chiffres sur des planches noircies et l'emploierait à vingt petites choses semblables!... Oh! mon Dieu! que de questions insolubles cette pensée soulève!... Que nous sommes petits en présence de cette immensité!...

L'orateur n'alla pas plus loin. Comme je le regardais d'un œil narquois s'abîmer dans ces réflexions singulières, tout à coup un choc violent se fit sentir et le philosophe et moi nous fûmes jetés sur les bancs de la barque. Nos rameurs poussèrent un juron de loup d'eau douce et reconnurent que notre embarcation s'était heurtée contre un piquet enfoncé dans le lit du fleuve. C'était peu de chose, mais cette secousse fut extrêmement favorable à mon ami. Il oublia les usages du blanc de Meudon, et la barque ayant été dégagée, nous commençâmes à promener nos filets dans les longues herbes et à recueillir les plantes aquatiques qui flottaient autour de nous.

Sur la rive gauche de la Seine s'étalait une végétation splendide. La rive droite, plus escarpée, ne permettait pas aux plantes de s'y fixer solidement et le courant balayait les maigres touffes de celles qui avaient pu y prendre racine.

Nous récoltâmes en abondance une espèce de *cresson à fleurs jaunes*, le *Sisymbrium amphibium*, qui a la singulière propriété de pouvoir vivre sous les flots aussi bien que sur le sable aride. Autour de lui croissaient en foule les *plantains d'eau*, les *myosotis*, les *butomes rosés*, les *sagittaires,* dont les feuilles ont la forme d'une flèche, et vingt autres fleurs, qui, submergées aujourd'hui, se réveilleront bientôt sous le fertile limon dont le fleuve les couvre.

C'est en louvoyant ainsi parmi les plantes aquatiques que nous atteignîmes la pointe septentrionale de l'île Saint-Germain. Nous amarrâmes notre bateau et nous mîmes pied à terre pour déjeûner sous les saules.

Quand nos provisions furent épuisées, nous prîmes nos instruments de pêche et nous gagnâmes la côte qui fait face à Billancourt, dans l'intention de faire le tour de l'île. Nos rameurs, voyant avec quel zèle nous herborisions, nous dirent qu'ils avaient connaissance d'une plante qui croissait dans l'intérieur de l'île et dont la racine était excellente à manger. Ils nous quittèrent quelques instants pour aller voir s'ils en trouveraient encore, et ils ne tardèrent pas, en effet, à nous rapporter une petite ombellifère dans laquelle je reconnus le *carvi*, *terre-noix (Bunium bulbo-castanum)*, dont les tubercules charnus ont à peu près la grosseur et le goût de la noisette.

Nous croquâmes ceux que nos compagnons nous rapportaient et nous continuâmes notre promenade. Le sable, sous nos pas, était encombré de débris de coquillages déposés par le reflux du fleuve et nous marchions à travers une forêt de hautes *graminées*, de *carex* à feuilles tranchantes, d'*eupatoires* à fleurs violettes et de saules rabougris, aux branches desquels pendaient toutes sortes d'épaves hideuses.

De temps en temps, nous enfoncions dans la vase d'où se dégageaient de grosses bulles de gaz hydrogène carboné, et nous avions alors le désagrément de respirer une atmosphère miasmatique et marécageuse.

Nous arrivâmes pourtant ainsi à la pointe méridionale de l'île, et nous aperçûmes un peu plus loin l'île de Billancourt, dont nous séparait un large détroit.

La rive presque à pic en cet endroit ne nous permit pas de nous tenir sur le bord comme nous l'aurions voulu, et nous pénétrâmes dans l'intérieur de l'île. Les aulnes et les saules y croissaient en abondance au milieu d'une riche végétation de plantes herbacées, habitées presque toute l'année par des tribus de rats amphibies, par des poules d'eau et aussi, ce qui les dépoétise un peu, par des bandes de canards domestiques qui trouvent là à s'engraisser à bon marché.

Après quelques minutes de marche, nous pûmes redescendre au bord de l'eau et nous explorâmes le petit bras de la Seine qui baigne la côte méridionale de l'île.

De ce côté, le fleuve, au lieu d'être large et profond, est étroit et vaseux. Il dégénère presque en marécage et les eaux de la Seine, calmes et paresseuses, s'endorment et croupissent dans ce bras paralysé. Jamais un poisson ne s'y engage; il y mourrait.

Cette portion du noble fleuve qui vient de traverser Paris appartient aux grenouilles qui en ont fait la conquête. Elles y règnent en souveraines, ne redoutant que la hardiesse des gamins du Bas-

Meudon, qui ne dédaignent pas les citoyennes du marais accommodées à la poulette.

Les eaux bourbeuses de ce canal resserré sont extrêmement fertiles. Elles sont recouvertes par une épaisse couche de lentilles d'eau larges comme des pièces de deux francs, et les *nénuphars*, les *potamots*, les *renoncules*, les *glycéries*, y prennent des dimensions colossales.

Au milieu de ces plantes submergées paissent des troupeaux de mollusques, de larves et d'insectes aquatiques.

En quelques coups de filet, nous y recueillîmes la grosse *limnée des étangs (Lymnœa stagnalis)*, le *planorbe corné (Planorbis cornea)*, aux spirales aplaties, la *paludine vivipare (Paludina vivipara)*, dont le pied porte un couvercle à l'aide duquel elle s'enferme dans sa coquille; la *cyclade cornée (Cyclas cornea)*, la *moule (Unio pictorum)*, dont les peintres emploient les valves pour étendre leurs couleurs, des larves de *phriganes*, vêtues d'épais fourreaux, des nymphes de *libellules* encroûtées de vase, des *nèpes* aux pinces crochues, tout l'apocalypse du limon développé dans des proportions extraordinaires.

Cependant, comme nous approchions de l'endroit où nous avions amarré notre barque, nous rencontrâmes une petite baie dépourvue de plantes, mais au milieu de laquelle nous vîmes un bien singulier spectacle. Sur une pierre plate, reposant sur le sable au-dessous d'une mince couche d'eau, était étendue une grenouille morte, et, sur ce batracien ventru, plusieurs centaines de petits animaux prenaient leurs ébats. C'étaient des *chevrettes d'eau douce (Gammarus pulex)*, crustacés mignons, voisins des crevettes comestibles, et vivant en familles dans toutes les mares de nos environs.

L'odeur de la grenouille les avait attirées en foule, et le hasard nous faisait assister à ce repas de corps.

Le batracien, couché sur le flanc, était assailli de tous côtés par une nuée de ces voraces petits êtres qui frétillaient, allaient, venaient, s'enfuyaient à reculons ou nageaient sur le dos pour se porter d'un point à un autre de l'immense proie dont ils s'étaient emparés. On eût dit les Lilliputiens cherchant à enchaîner Gulliver.

D'une touffe de racines qui plongeait dans l'eau à quelque distance, accouraient incessamment de nouveaux convives. Ils arrivaient toujours deux à deux, en sautillant, et, comme c'est l'habitude chez ces galants crustacés, le mâle portait entre ses pattes sa femelle plus petite que lui.

Arrivé à la grenouille, il laissait aller sa moitié, afin qu'elle pût choisir le morceau de la bête qui lui plairait le mieux, et lui-même s'attablait suivant son goût. Nous vîmes pourtant quelques gros jaloux qui ne donnaient aucune liberté à leurs épouses, et qui les forçaient à manger à l'endroit qu'ils choisissaient pour eux. Ce despotisme ne laissa pas que de nous révolter; mais nous ne pouvions vraiment pas troubler ce festin pantagruélique pour aller au secours de quelques pauvres opprimées.

Georges fut pourtant sur le point de me faire un second discours sur la tyrannie conjugale, qui peut-être m'eût décidé à entreprendre une croisade en faveur des chevrettes femelles; mais comme il se faisait tard, nous dûmes songer à remonter en bateau. Nous côtoyâmes l'île de Billancourt sans nous y arrêter; nous rasâmes les berges rapides de Bellevue et de Sèvres, et, au bout de quelques minutes, nous atteignîmes le pont de Saint-Cloud, où devait se terminer notre petit voyage.

nos galants crustacés, le mâle portait entre ses pattes
sa femelle plus petite que lui.

Arrivés à la passerelle, il fallut aller se mettre,
afin qu'elle pût choisir le morceau de [illegible] qui lui
plaisait le mieux, et lui-même s'attablait suivant
son goût. Nous vîmes pourtant quelques gros jaloux qui ne donnaient aucune liberté à leurs épouses, et qui les forçaient à manger à l'endroit qu'ils
choisissaient pour eux. Ce despotisme ne laissa pas
que de nous révolter; mais nous ne pouvions vraiment pas troubler ce festin pantagruélique pour
aller au secours de quelques pauvres opprimées.

Georges fut pourtant sur le point de me faire un
second discours sur la tyrannie conjugale, qui peut-
être m'eût décidé à entreprendre une croisade en
faveur des [illegible] femelles; mais comme il se
faisait tard, nous dûmes songer à remonter en bateau. Nous côtoyâmes l'île de Billancourt sans nous
y arrêter; nous passâmes les berges rapides de Bellevue, de Sèvres, et, au bout de quelques minutes,
nous atteignîmes le pont de Saint-Cloud, où devait
se terminer notre petit voyage.

X

UNE NUIT DANS LES BOIS

UNE NUIT DANS LES BOIS.

J'étais occupé l'autre soir à lire dans ma chambre une des immortelles pages que Réaumur à écrites sur l'Histoire des insectes, quand tout à coup je reçus la visite d'Emile G..., le plus intrépide, mais aussi le plus original des entomologistes.

Il était vêtu ce soir-là d'un grand paletot dont les nombreuses poches regorgeaient de petites boîtes et d'instruments divers; un sac de militaire était accroché à ses épaules, une de ses mains portait une énorme canne et un filet à papillons, l'autre un gros pinceau à long manche et une sorte de marmite en fer battu pleine de miel liquide et très-odorant.

A le voir dans un pareil accoutrement, je ne pus tout d'abord m'empêcher de rire et de croire qu'il partait au moins pour la Palestine ou pour un voyage au long cours; mais lui, me prenant la main, me dit avec le plus grand sangfroid :

— Mon cher ami, tu m'as souvent prié de t'avertir lorsqu'il serait temps de faire une *chasse à la miellée;* le moment est venu, la nuit sera belle, partons!...

— Je veux bien, lui répondis-je, enchanté de saisir cette occasion de faire une expédition nocturne; mais avant de te suivre, laisse-moi te demander au moins où nous allons?

— A Viroflay, si tu veux, c'est le meilleur endroit que je connaisse.

— A merveille!... Que faut-il que je prenne avec moi?

— Ton chapeau et ta canne, tout simplement... je me suis chargé du reste...

Il était environ sept heures du soir; je fermai mon livre et ma porte, et quelques instants après un train de la rive gauche nous emportait à Viroflay.

— La chasse à la miellée, me dit Emile, est bien certainement le meilleur moyen qui existe pour s'emparer des papillons de nuit. Partout où je l'ai faite, elle m'a toujours donné des résultats étonnants. Il y a des naturalistes qui la pratiquent en se servant de cordes enduites de miel et tendues d'un arbre à l'autre sur la lisière des bois... Je suis plutôt de l'avis de ceux qui se contentent d'oindre de miel le tronc de plusieurs arbres dans les endroits sombres et fourrés où se tiennent les papillons... tu pourras apprécier tout-à-l'heure ce procédé; je te promets que nous ne reviendrons pas *bredouille...*

Arrivés à Viroflay, nous descendîmes de wagon et nous prîmes le chemin des bois. Une nuit pleine de silence et de douceur couvrait la campagne; les étoiles brillaient dans un ciel pur, et vers l'orient une pâle lueur annonçait que la lune allait bientôt paraître.

Nous marchâmes quelque temps dans un sentier sablonneux et bordé de hauts talus, puis nous tournâmes à gauche pour pénétrer dans les massifs, et nous fîmes halte au fond d'un étroit ravin noyé dans les plus épaisses ténèbres.

— Nous sommes arrivés, me dit Émile ; vois-tu là-bas, devant nous, ces trois arbres dont le tronc grisâtre et nu se détache dans la nuit?... Ce sont nos piéges, nous allons les amorcer. Après cela, nous nous installerons ici derrière ce fourré. Il y a là un petit escarpement à pic dans le sable et le calcaire, au pied duquel nous serons parfaitement postés.

— Eh bien ! allons, à l'ouvrage !...

Nous portâmes le vase à miel et le gros pinceau sous les arbres désignés, et en un clin-d'œil nous couvrîmes ceux-ci d'un barbouillage visqueux et gluant dont l'odeur se répandit bientôt de tous côtés.

Cette besogne terminée, Émile tira de sa poche une petite lanterne, l'alluma et la suspendit aux branches d'un arbrisseau voisin.

— C'est fini ! me dit-il alors, la lumière et l'odeur du miel vont attirer ici tous les papillons de la contrée... Allons nous mettre en embuscade et attendons...

Nous nous empressâmes de quitter la place et nous nous établîmes sous un sombre berceau de viornes et de troënes, au pied de l'escarpement sableux qu'Émile m'avait indiqué.

Le sage entomologiste défit alors le sac qu'il avait apporté, en tira un petit hamac qu'il suspendit entre deux arbres, un flacon rempli de morceaux de sucre, une boîte à thé, une bouilloire, deux minces tasses en fer blanc et une lampe à alcool.

Pendant que ce féerique déballage s'opérait sous mes yeux, je demeurais émerveillé et je trouvais que mon cher Emile comprenait la chasse à la miellée d'une façon vraiment charmante.

Il remplit la bouilloire à un ruisseau qui coulait près de nous ; j'allumai la lampe, et quelques minutes après, tranquillement assis sur la fougère, nous savourions les suaves parfums d'une excellente tasse de thé.

Cependant, la lune montait lentement à l'horizon et ses rayons, glissant à travers le feuillage, éclairaient doucement les sentiers et les clairières de la forêt.

Tout à coup, un cri sourd et prolongé se fit entendre de l'autre côté de la vallée...

— Hou ! hou ! hou !... entends-tu ? me dit Émile, c'est le hibou qui hurle dans les bois de Fausses-Reposes... Mais voici les papillons qui commencent à venir ; ne faisons pas de bruit et cachons-nous...

A l'abri sous les feuilles, nous nous assîmes sur le hamac et nous demeurâmes longtemps dans l'immobilité la plus complète. Aucun des êtres vivants qui nous entouraient ne soupçonnait notre présence. Au bord du ruisseau, les grenouilles coassaient tranquillement, le crapaud chassait les limaces dans les herbes mouillées, la salamandre terrestre se traînait sur les feuilles mortes, les grillons jetaient dans l'atmosphère humide leurs petits cris aigus.

Quelques papillons, les uns grisâtres, les autres d'un blanc pur, passaient au-dessus de nos têtes, voltigeaient à travers les arbrisseaux et se dirigeaient vers la miellée vaguement éclairée par la lanterne.

Bientôt aussi, plusieurs chauves-souris attirées non plus par le miel ou la lumière, mais bien par les papillons eux-mêmes, vinrent se jeter au milieu des lépidoptères, les saisissant au vol avec une incroyable habileté.

— Nous avons là de terribles concurrents, me dit Émile ; mais il vaut encore mieux les supporter que chercher à les faire fuir... En voulant les chasser, nous ne manquerions pas d'effaroucher tous les papillons.

Au bout de quelque temps, nous quittâmes notre

poste et nous nous approchâmes doucement de l'arbrisseau auquel la lanterne était suspendue. Nous vîmes alors un ravissant spectacle : une innombrable quantité de papillons nocturnes s'étaient abattus sur les arbres enduits de miel, sur les arbustes et les buissons environnants. Un grand nombre tournoyaient autour de la lanterne, d'autres enfin voltigeaient çà et là à travers les branches, si nombreux et si serrés que l'on eût cru voir tomber des flocons de neige...

Émile s'arma alors de son filet et prit sans peine au milieu de la foule les plus brillants des papillons. A chaque coup, cinq ou six d'entre eux étaient enveloppés par la gaze trompeuse ; nous choisissions les plus frais et les plus jolis, et nous rendions la liberté aux autres.

Le premier saisi fut un *paon de nuit (Saturnia pyri)*, mesurant treize centimètres d'envergure, et portant sur ses ailes grises, rayées de blanc, quatre grands yeux d'une beauté parfaite.

Nous capturâmes, après lui, le *sphinx Atropos*, aux antennes prismatiques et portant sur son corselet la funèbre image d'une tête de mort ; l'*hépiale du houblon (Hepialus humuli)* aux pattes postérieures garnies de longs poils fauves ; la *zeuzère du* marronnier (*Zeuzera æsculi*), blanche et tachée de noir ; le *cossus ronge-bois* (*Cossus ligni perda*), dont la chenille est si nuisible à nos grands arbres ; le *lasiocampe du chêne* (*Lasiocampus quercus*), qui porte une raie jaune sur les ailes ; le *bombyx zigzag* (*Bombyx dispar*) au corselet huppé ; l'*arctie marbrée* (*Arctia villica*), reconnaissable à son abdomen rouge et à ses ailes supérieures noires et jaunes comme l'écaille ; la *gallerie de la cire* (*Galleria cereana*), dont la larve dévaste les ruches d'abeilles ; une multitude, enfin, de *phalènes,* de *pyrales*, de *noctuelles* et d'autres petits papillons de la section des microlépidoptères.

La chasse se prolongea bien avant dans la nuit ; mais peu à peu cependant le vide se fit autour des arbres enduits de miel. Les papillons, rassasiés et effrayés, s'envolaient et ne revenaient plus. Vers deux heures du matin, mon ami me proposa d'abandonner la partie et d'aller chercher un gîte à Versailles pour attendre le jour. J'acceptai sa proposition ; nous pliâmes bagage et nous nous acheminâmes gais et joyeux vers la préfecture de Seine-et-Oise.

Chemin faisant, nous prîmes encore un gros *lucane* ou *cerf-volant* (*Lucanus cervus*) qui bourdonnait sous un chêne, et nous rencontrâmes plusieurs fois des *vers luisants* (*Lampyris noctiluca*), qui scintillaient dans l'herbe. Ceci nous porta tout naturellement à parler des animaux phosphorescents.

— Nous n'avons guère en France, me dit Emile, que deux insectes qui jouissent de cette singulière propriété : un myriapode, *la scolopendre électrique*, et un coléoptère, le *lampyre* ou *ver luisant*.

En Amérique, on trouve, en outre, un cicadaire, le *fulgore porte - lanterne*, dont Mlle de Mérian a donné une belle description, et un élatéride, le *taupin lumineux*, qui répandent la nuit une lueur phosphorique. La lumière produite par ce dernier est même, dit-on, assez vive, pour qu'il soit possible de lire, d'écrire et d'exécuter différents travaux à sa seule clarté.

La cause qui donne lieu à cette phosphorescence n'est pas encore suffisamment connue. On sait pourtant qu'elle réside dans de petites plaques blanchâtres situées sur les parties latérales du corps de l'insecte, et l'on pense que la lumière est due à l'action de l'oxygène sur une matière grasse sécrétée par les organes phosphorescents.

Quoi qu'il en soit, les lampyres de nos pays font varier à volonté l'intensité de la lueur qu'ils répandent; et comme les femelles, dépourvues d'ailes, sont seules lumineuses, il est probable que la nature les a douées de la sorte pour qu'elles soient facilement aperçues par leurs époux qui voltigent dans les ténèbres.

C'est la réalisation de la fable d'Héro, prêtresse de Vénus, qui, pour guider Léandre son amant à travers les flots de l'Hellespont que chaque soir il traversait à la nage, allumait un flambeau au haut d'une tour sur le bord de la mer.

Pour savoir au juste ce qu'il y avait de vrai dans ce mystérieux hymen des lampyres, je proposai à Émile de prendre un ver luisant, de le placer dans un endroit découvert, et de nous embusquer auprès de lui pour surveiller l'arrivée du mâle. Il accepta avec empressement; nous plaçâmes au milieu du sentier un beau lampyre recueilli dans le bois, et nous attendîmes.

Au bout de quelques minutes, un faible bourdonnement se fit entendre, et un insecte noirâtre, au corselet demi-circulaire, tomba sur le chemin. Il s'approcha de sa femelle, lui prodigua ses caresses, rouvrit ses ailes et partit. Cette dernière, si promptement abandonnée, regagna lentement les touffes de gazon d'où nous l'avions tirée; mais elle n'éteignit point sa lumière et ne perdit rien de sa clarté...

Notre expérience ainsi terminée, nous sortîmes de la forêt, dont nous suivîmes quelque temps la lisière. Le morne silence qui régnait alors autour de nous n'était troublé que par le bruit de nos pas sur le sable ou le frôlement brusque des branches que nous écartions sur notre passage.

Tout à coup, le bruit d'une fenêtre qu'on ouvrait et les vagissements d'un enfant au berceau nous avertirent que nous étions tout près d'une habitation. Bientôt, en effet, nous vîmes briller devant nous une lumière, et nous arrivâmes devant une humble maisonnette cachée dans le feuillage comme le nid d'un oiseau.

Les grands arbres qui bordaient la forêt étendaient jusque sur son toit leurs branches protectrices; les bégonias et la vigne vierge grimpaient le long de ses murs, et sur ses vertes persiennes, à demi-fermées, la lune curieuse jetait ses regards indiscrets.

Cependant, l'enfant ne cessant de crier, nous entendîmes qu'on berçait sa petite couche, en même temps qu'une voix douce et pleine d'harmonie lui chantait justement une naïve ballade sur le ver luisant.

Nous prêtâmes une oreille attentive, et nous recueillîmes dans l'ombre les quelques paroles que voici :

. . . .

> J'aime à me souvenir que pendant la veillée,
> J'allais parfois
> Te chercher, pauvre ver, sous l'épaisse feuillée,
> Le long du bois...
>
> Je te trouvais au bord des paisibles fontaines,
> De l'eau qui dort ;
> Puis, je m'en retournais, heureuse et les mains pleines
> D'étoiles d'or !...
>
> Et pour mieux faire voir à ma mère joyeuse
> Tous ces bijoux,
> J'étalais en riant ma moisson précieuse
> Sur ses genoux !...

Soudain, les sanglots de l'enfant s'apaisèrent, le balancement monotone du berceau ne se fit plus entendre et, à notre grand regret, la voix charmante de la berceuse cessa de chanter.

Emile prit mon bras, et nous continuâmes notre route, ravis d'avoir passé dans les champs une si belle nuit. Nous causâmes longuement des papillons, des lampyres, de la maisonnette blanche, de la grande nature, source de toute poésie, et ce fut ainsi que nous arrivâmes à Versailles, d'où nous repartîmes quelques heures plus tard pour retourner à Paris.

XI

LES ARAIGNÉES

XI

Il est dans la nature une classe de pauvres êtres aux formes disgracieuses, haïs de tout le monde, impitoyablement chassés de nos maisons, où plusieurs aimeraient à vivre, persécutés, écrasés, détruits en tous lieux, et dont le nom seul inspire la répugnance et le dégoût.

Ce sont les araignées.

Je veux, cependant, cher lecteur, vous raconter, en quelques mots, l'histoire de ce peuple misérable, et vous dire, fort impartialement, ses qualités et ses défauts. Je lui ai consacré ma dernière promenade, et c'est sous les paisibles ombrages de la forêt de Marly que je suis allé observer ses habitudes et ses mœurs.

Pour les classificateurs, les araignées remplissent en grande partie la division naturelle des arachnides. Ce sont des animaux articulés, composés de deux moitiés bien distinctes; l'une, appelée *céphalothorax*, comprenant la tête et le corselet réunis; l'autre, nommée *abdomen*, constituée par une masse molle et globuleuse. Elles ont de six à huit yeux, dont la disposition varie avec les espèces, quatre paires de pattes et jamais d'ailes.

Les araignées sont carnassières. Leur bouche est garnie de mandibules terminées à leur extrémité par un crochet percé d'un trou. Quand l'arachnide mord, cet orifice donne passage à un liquide vénéneux possédant la propriété d'endormir les insectes, mais sans action appréciable sur l'homme et les animaux des classes élevées.

La plupart des araignées vivent sur la terre. Les unes ourdissent des toiles pour s'emparer de leur proie, les autres poursuivent dans les herbes les petits animaux dont elles se nourrissent.

Quelques espèces sont aquatiques. Elles courent à la surface de l'eau, et font leur nid sur le rivage ou parmi les plantes submergées.

Toutes les araignées fileuses ne tissent pas leurs

toiles de la même façon ; cependant, l'appareil producteur de la soie présente à peu près la même disposition chez tous les arachnides.

Cet appareil, logé dans la partie postérieure du corps de l'animal, a quelque ressemblance avec celui du ver à soie. Il se compose de plusieurs glandes filiformes et tortueuses aboutissant à de petits tubercules groupés à l'extrémité de l'abdomen et désignés sous le nom de *filières*. Ces glandes produisent un liquide gluant qui devient plus consistant au contact de l'air et peut alors s'étirer en fils aussi longs que l'animal le désire. Toutes les filières à la fois concourent à la formation d'un même fil.

Rien n'est plus curieux que de voir une araignée à l'œuvre ; on ne peut se lasser d'admirer l'intelligence, l'adresse, le génie qu'elle y déploie ; on est étonné de la précision mathématique avec laquelle elle travaille, de l'habileté qu'elle montre à triompher des obstacles qui se présentent, des ingénieux moyens dont elle se sert pour raccommoder une maille ou se délivrer d'un objet embarrassant. J'ai eu le bonheur de rencontrer l'autre jour, à Marly, un de ces étranges ouvriers sur le point de commencer sa besogne, et, pendant une heure, j'ai pu suivre avec intérêt les admirables manœuvres de ce laborieux tisserand.

C'était une grosse araignée de l'espèce appelée *Epeïre diadème* (*Epeira diadema*), reconnaissable à la tache régulièrement festonnée qui pare son abdomen, et très commune à la fin de l'été dans les jardins et les bois.

Elle avait choisi pour tendre sa toile un espace large d'un mètre environ, entre le tronc d'un jeune bouleau et la cime d'un coudrier. Immobile à l'extrémité de celui-ci, elle paraissait réfléchir et chercher de ses huit yeux les divers bouts de branches où elle pourrait attacher ses fils. Je me cachai derrière un arbrisseau voisin pour ne pas lui donner d'inquiétude, et je l'examinai avec attention.

Tout à coup, je la vis se jeter du haut de son observatoire; mais au lieu de tomber à terre, elle s'arrêta suspendue par un fil à soixante centimètres au-dessus du sol. Peu à peu alors elle se donna un mouvement de va-et-vient, et se mit à osciller comme un pendule dans l'espace libre où elle voulait s'établir. Au bout de quelques secondes, les oscillations s'agrandirent de plus en plus, et bientôt l'araignée put toucher le tronc du bouleau et s'y cramponner solidement à l'aide de ses pattes.

L'espace était franchi, un premier pont de soie réunissait l'arbre et le coudrier.

L'industrieux tisserand fixa solidement son fil

sur l'écorce du bouleau à la même hauteur de ce côté que de l'autre, et s'élança soudain sur cette corde transversale avec une audace et une agilité à faire mourir de jalousie le plus intrépide funambule.

Sur plusieurs points de cette corde, il noua ensuite une multitude d'autres fils, qu'il attacha par leur extrémité, les uns au tronc du bouleau, les autres aux feuilles du coudrier, d'autres enfin à la cime des plantes qui croissaient entre les deux arbustes.

Ces fils entrecroisés en un même point devaient composer les rayons de la toile. Aussitôt qu'ils furent terminés, la fileuse se porta en effet au point d'entrecroisement, et, le choisissant comme centre, se mit à relier les rayons par des fils transversaux.

Pour cela, à mesure que le cordon soyeux sortait de la filière, elle le prenait avec une de ses pattes, et, sautant rapidement d'un rayon à l'autre, le collait successivement à chacun d'eux. En peu de temps, elle construisit ainsi une série de polygones concentriques d'une régularité parfaite, et dont les plus extérieurs étaient aussi les plus larges.

La toile lui paraissant alors suffisamment développée, elle retourna brusquement au milieu, allongea de tous côtés ses pattes hideuses et secoua de toutes ses forces le réseau de soie qu'elle venait de tisser dans le but évident d'éprouver sa résistance et sa solidité.

Tout à coup, une feuille sèche, détachée d'un arbre voisin, tourbillonna dans les airs et vint malencontreusement s'embarrasser dans les mailles du piége, où nul insecte encore n'était venu se prendre.

L'araignée, étonnée d'abord, frémit de colère ; elle ébranla plus fortement que jamais sa toile pour en détacher la maudite feuille qui la trahissait ; mais, malgré ses efforts, elle ne put y parvenir. S'élançant alors vers l'endroit encombré, elle essaya vainement encore de le débarrasser à l'aide de ses pattes, et dut se résigner à rompre quelques mailles pour que la feuille tombât sur le sol. Les fils rompus furent promptement rajustés, et l'araignée revint au centre de sa toile.

Pour la payer de sa peine, et aussi du curieux spectacle qu'elle m'avait donné, je saisis une grosse mouche qui, depuis quelques instants, bourdonnait désagréablement à mes oreilles, et je la lui jetai.

L'araignée courut sur elle, la prit entre ses pinces, l'emprisonna dans un fourreau de soie et, comme après une journée si fatigante elle devait avoir bon appétit, elle fit, sans doute, ce soir-là, le meilleur des repas qu'elle eût faits de sa vie.

La forme et la disposition des toiles qu'ourdissent les araignées varient beaucoup avec les différentes espèces. L'*épeire diadème*, dont je viens de parler, l'*araignée scalaire* (*Aranea Scalaris*), remarquable par sa couleur d'un beau jaune-citron, et toutes les araignées globuleuses qui leur ressemblent, tissent une toile verticale et croisée par des fils en rayons.

L'*Araignée réticulée* (*A. reticulata*) et l'*antriade* (*A. antriada*) fixent obliquement les leurs à l'entrée des soupiraux des caves; l'araignée qui vit sur les orties ((*A. urticæ*) se borne à tendre irrégulièrement ses fils sur plusieurs plans; l'*araignée triangulaire* (*A. triangularis*) trame une toile pleine, serrée, horizontale et surmontée d'un réseau plus petit et plus lâche; l'*araignée domestique* (*A. domestica*) ajoute à la sienne une retraite cylindrique où elle se cache; l'*araignée des pierres* (*A. lapidosa*) et la *ségestrie perfide* (*A. perfida*) se construisent seulement des cellules soyeuses; l'*émeraudine* (*A. smaragdula*) ne fait usage de ses filières que pour attacher entre elles les feuilles sous lesquelles elle cherche un abri.

La grosseur et la résistance des fils de soie produits par les arachnides sont ordinairement proportionnés au volume et à la force de l'animal.

Les toiles d'une araignée de l'Amérique méridionale arrêtent des oiseaux; celles des plus grosses araignées de nos climats résistent à peine au choc d'une abeille.

On a cependant pu fabriquer avec des fils de ces dernières des étoffes assez résistantes, mais beaucoup trop coûteuses pour que leur emploi puisse se généraliser.

Les fils que sécrètent les arachnides leur servent non-seulement à tisser leurs toiles, mais encore à se faire des abris et à fabriquer des cocons pour envelopper leurs œufs. Quelques espèces, produisant ces longs filaments blanchâtres, désignés sous le nom de *fils de la Vierge,* les utiliseraient aussi, au dire de quelques naturalistes, pour se faire transporter dans les airs.

On a beaucoup parlé, et non pas sans raison, de la cruauté des araignées. Par une étrange anomalie dont la nature ne fournit pas d'autre exemple, c'est surtout au temps des amours qu'elle se manifeste.

Tandis que chez les autres animaux les noces se célèbrent au milieu de la joie et de l'allégresse, chez les araignées, au contraire, elles sont presque toujours sanglantes et funèbres. A peine le mariage est-il accompli, que les mâles, impitoyablement égorgés par les femelles, servent fatalement de pâture à ces terribles affamées. Plus tard, cependant, ces sanguinaires épouses, dont les crimes rappellent les atrocités de Marguerite de Bourgogne, deviennent d'excellentes mères, pleines de tendresse et de sollicitude pour leurs petits.

L'*araignée apoclise* (*Aranea apoclisa*), qu'on trouve dans les bois humides, met une double enveloppe autour de ses œufs; la *cucurbitine* (*A. cucurbitina*), entoure les siens de soie et de feuillages; le *phalangiste* (*A. phalangioides*), qui vit dans nos caves, agglutine ceux qu'il a pondus en une boule ronde qu'il porte attachée à ses mandibules; le *sisyphe* (*A. sisiphia*) et la *crypticole* (*A. crypticola*), tiennent entre leurs pattes le cocon où leurs œufs sont enfermés, luttent jusqu'à la mort pour le défendre, et l'ouvrent avec leurs mandibules pour en faire sortir leurs petits.

Toutes les *araignées chasseuses* traînent constamment le leur après elles; les *coureuses* le hissent et le suspendent au sommet d'une plante, l'abritent sous un dôme de soie et restent auprès de lui jusqu'à ce que les œufs soient éclos. La *clubione nourrice* (*A. nutrix*) demeure, enfin, plusieurs jours auprès de ses petits, les protége et les surveille comme une poule ses poussins, et les porte sur son dos quand ils ne sont pas encore assez forts pour marcher eux-mêmes.

Les araignées aquatiques présentent à peu près les mêmes mœurs que celles qui vivent sur la terre sans faire de toile, et qu'on a désignées à cause de cela sous le nom générique d'*araignées-loups*.

Pendant qu'à la surface des étangs nagent les *trombidions* et les *hydrachnés* aux couleurs vives, l'*argyronète* (*A. aquatica*) construit au sein des eaux, avec un art admirable, une coque soyeuse qu'elle remplit d'air et transforme en une véritable cloche à plongeur. Elle l'attache solidement aux plantes aquatiques, y pond ses œufs qu'elle entoure d'un cocon d'un blanc éclatant et dispose en tous sens de longs fils qui viennent aboutir à son nid.

Dans le midi de la France, on trouve une araignée bien curieuse, c'est la *mygale maçonne* (*Mygale cœmentaria*) qui bâtit dans l'argile une sorte de tube large et profond dont elle fait sa demeure. L'ouverture de ce tube est garnie d'un couvercle à charnière que l'araignée fait retomber sur elle quand elle est entrée, et qu'elle retient en dedans à l'aide de ses griffes, si quelque ennemi veut essayer de l'ouvrir.

On ne sait encore aujourd'hui que fort peu de chose sur le venin des arachnides. Il est certain, cependant, qu'il est beaucoup moins dangereux qu'on le croyait autrefois. Les fameuses histoires sur la *tarentule (Lycosa tarentula)*, dont la piqûre occasionnait de furieux accès de danse convulsive contre lesquels la musique seule était efficace, sont regardées aujourd'hui comme des contes absurdes, et plusieurs savants, parmi lesquels François Bon, Clerk, et en dernier lieu H. Cloquet, ont souvent observé sur eux-mêmes que le poison des araignées ne produisait aucun accident.

C'est à la fin de l'été et pendant l'automne que ces animaux apparaissent surtout en grand nombre dans nos campagnes. Aux environs de Paris, où l'on en compte au moins deux cents espèces, la plus commune à cette époque, est l'Épeire-diadème. Elle semble envoyée tout exprès pour débarrasser l'atmosphère des nombreux insectes qui y voltigent encore et dont la mort doit arriver fatalement avant l'hiver. Au lieu de périr par le froid et de ne servir à rien, ces derniers, en mourant, donnent la vie aux monstres qui les dévorent, et la nature, qui ne détruit jamais que pour créer de nouveau, se trouve avoir, ici comme ailleurs, complétement atteint son but.

Cette chasse perpétuelle que les araignées font aux insectes doit les faire regarder comme des animaux utiles. C'est, du reste, la seule qualité qu'on leur reconnaisse aujourd'hui, car elles ne sont plus employées, comme autrefois, en médecine pour combattre la fièvre, l'hystérie et l'apoplexie. Quelques personnes cependant pensent que plusieurs de ces arachnides sont excellents à manger, et l'on sait que le célèbre astronome Delalande avait constamment dans sa poche une boîte pleine de cloportes et d'araignées qu'il croquait en guise de pastilles.

Dans la Polynésie et la Nouvelle-Hollande, se trouve aussi une grosse Épeire comestible, que la Société d'apiculture a mentionnée dans son programme de l'Exposition des insectes. Quelque jour, sans doute, on se passera la fantaisie d'acclimater en France, et de servir sur les tables cette araignée délicieuse; mais je suis bien persuadé que, malgré son goût exquis, elle ne pourra jamais faire oublier le gigot à la braise ni la dinde truffée!...

XII

LA FORÊT DE BONDY

XII

LA FORÊT DE BONDY

Bondy est un petit village situé sur la route de Paris à Meaux, à quelques kilomètres au delà de Pantin, et environné de tous côtés par une vaste forêt à laquelle il a donné son nom.

Autrefois, ce pays, beaucoup moins peuplé que de nos jours, avait une fort mauvaise réputation. La forêt de Bondy était un repaire de malfaiteurs de la pire espèce; les voyageurs les plus téméraires s'armaient jusqu'aux dents pour la traverser, et ceux qui tremblaient avec raison pour leur vie ou leur bourse, ne craignaient pas de faire un long détour pour éviter ce redoutable coupe-gorge.

Aujourd'hui, de tous les crimes et de tous les brigands d'autrefois, il ne reste plus que le souvenir, et les lugubres histoires que racontent sur ce sujet les bonnes femmes du pays, sentent même déjà la légende.

Le progrès, bien mieux que la maréchaussée, a dispersé les voleurs. Paris, lassé d'envoyer des brigades de gendarmerie dans ces bois dangereux, s'est avancé lui-même de ce côté. En un demi-siècle, il a joint successivement Belleville, les prés Saint-Gervais, la Chapelle, la Villette, les Buttes-Chaumont, Romainville, il a fait passer un chemin de fer à travers la forêt sinistre, et complétement changé l'aspect des villages qui l'environnent.

Ses bons habitants vont aujourd'hui paisiblement dîner sur l'herbe où les bandits d'autrefois se partageaient les dépouilles de leurs victimes, et dans vingt ans peut-être, grâce au canal de l'Ourcq, qui ne demande pas mieux que de prêter ses eaux, on verra dans la forêt de Bondy des rivières, des cascades et des lacs cent fois plus pittoresques encore que ceux du bois de Boulogne.

Cependant, l'autre jour, comme j'herborisais dans

la forêt, je ne pouvais, quelques efforts que je fisse pour me distraire, détourner mon esprit des vieilles histoires de voleurs qui se présentaient sans cesse à mon imagination. Il est vrai que j'avais choisi, pour explorer les environs de Bondy, une bien mauvaise journée. Des nuages sombres et déchirés couraient dans le ciel, le vent soufflait avec force et me jetait au visage de froides gouttes d'eau ; les arbrisseaux frissonnaient au bord du chemin, et par intervalles j'entendais au dessus de ma tête le craquement brusque d'une branche morte qui se détachait.

J'étais plongé dans la plus profonde solitude, et la tristesse du paysage se reflétait dans mon esprit. Je m'efforçais en vain d'égayer mes idées par l'étude des plantes qui s'offraient à mes regards ; comme par une sorte de fatalité, je ne rencontrais que les herbes les plus perfides.

Ici c'était la *grande ciguë* (*Conium maculatum*), aux tiges marquées de taches rouges ; plus loin, dans un buisson, la *bryone dioïque* ou *navet du diable* (*Bryonia dioïca*) ; plus loin encore, la *jusquiame noire* (*Hyoscyamus niger*), qui rend fou ; la *belladone* (*Atropa belladona*), dédiée à Atropos ; la *pomme épineuse* ou *herbe du brigand* (*Datura stramonium*); ces trois dernières appartenant à la terrible famille des *solanées*, à qui nous devons toutefois le tabac et la pomme de terre.

Je ne récoltais absolument que des végétaux plus ou moins malfaisants, et j'aurais donné bien des choses pour cueillir une simple marguerite ou un modeste liseron.

Tout à coup, pour mettre le comble à la mélancolie du paysage, le ciel s'obscurcit complétement t la pluie commença à tomber. Je dus bientôt me réfugier sous les arbres; mais, en cherchant un abri, j'aperçus à une petite distance, au milieu d'une clairière, une hutte couverte de branches et de paille, et probablement construite par des bûcherons.

J'y courus; elle était déserte et je m'y installai.

J'y trouvai un petit banc grossièrement travaillé, sur lequel je m'assis, un vieux sabot cassé, une écuelle égueulée, un gros moellon de grès à aiguiser les outils.

Un orme touffu planté près de la hutte protégeait celle-ci de ses épais rameaux. Un fossé profond partait du pied de cet arbre et se perdait sous

une grosse pierre taillée, à demi enfouie dans
le sol.

Comme je tournais mes yeux de ce côté, quelque
chose d'informe s'agitant au fond du fossé frappa
mes regards. Je me plaçai à l'entrée de la hutte
pour mieux voir : c'était un combat. Un gros insecte noirâtre, allongé, souple, vigoureux, terrassait
un malheureux grillon qui pouvait se défendre à
peine; j'étais témoin d'un assassinat en pleine forêt
de Bondy !

En étudiant les formes et les allures du meurtrier, je reconnus que c'était un *staphylin* (*Staphylinus olens*), espèce de coléoptère carnassier à
élytres très-courtes, sorte de *perce-oreille* géant
que l'on rencontre fréquemment dans les bois et les
jardins.

Le fossé dans lequel il s'était mis en embuscade
avait un fond de sable fin sur lequel traînaient
quelques plantes rampantes. Ses parois, autrefois
taillées à pic, s'étaient éboulées et n'offraient plus
qu'une pente douce où des herbes sans nombre
avaient pris racine. Le fossé représentait ainsi
une sorte de vallon en miniature au fond duquel

la couche de sable serpentait comme une route tor-
tueuse.

La grosse pierre taillée qui le terminait avait été
sans doute autrefois apportée là pour servir de pont
quand le fossé s'emplissait d'eau ; cachée à présent
sous les ronces, elle avait l'aspect funèbre d'une
tombe abandonnée.

Tout près de cette pierre énorme, un morceau de
tronc d'arbre grossièrement équarri, vermoulu, couvert de lichens et de champignons, reposait dans
l'herbe au bord du fossé. Ce fut vers cet endroit que
e staphylin, chargé du grillon qu'il venait de tuer,
se dirigea dans le but évident d'y cacher et d'y dévorer sa victime.

Mais tout à coup plusieurs autres têtes armées
de mâchoires sortirent successivement de dessous
le morceau de bois, et bientôt six autres staphylins,
attirés par l'odeur de la chair fraîche, vinrent sans
façon prendre part au butin. Il y eut bien d'abord
quelque brouille entre le porteur du grillon et les
nouveaux venus ; mais un de ces derniers, plus ro-
buste que ses compagnons dont il semblait être le
chef, mit en très-peu de temps le récalcitrant à la
raison. J'avais certainement sous les yeux une bande

de brigands à qui le morceau de poutre vermoulue servait de repaire.

Après que le grillon, mis en pièce, eut été dévoré, les staphylins se dispersèrent de différents côtés. Deux d'entre eux s'enfoncèrent sous le morceau de bois, deux autres se dirigèrent vers un buisson voisin, les trois derniers restèrent sur la paroi du fossé pour s'y mettre en embuscade. Au nombre de ceux-ci se trouvait le chef de la troupe. Il se posta derrière une touffe de millefeuilles, et là, l'œil au guet, le regard fixé sur le fond de sable, théâtre de la mort du grillon, il attendit comme un malfaiteur, au bord d'un chemin, le passage d'un nouvel insecte pour se jeter sur lui.

Voici que tout à coup, de l'extrémité opposée du fossé arrive, trottinant sur ses six pattes, un innocent petit être, deux fois gros comme un grain de blé...

Il avait un gentil corselet d'un fauve rougeâtre et de mignonnes élytres d'un joli bleu d'azur... C'était un insecte du genre *brachin*.

Élégant, léger, insouciant, il courait très-vite et

se dirigeait avec une effrayante rapidité vers le redoutable staphylin, qui s'apprêtait à n'en faire
qu'une bouchée. Je vis cet ogre vorace mordre la
terre pour aiguiser ses mandibules et remuer avec
une joie féroce ses antennes noirâtres; mais ne voulant pas être témoin d'un nouvel assassinat, je saisis le gros moellon de grès qui se trouvait dans la
hutte, et je résolus de le jeter sur le brigand au
moindre danger qu'il ferait courir au petit insecte.

Soudain la touffe de millefeuilles s'agite et s'é-
carte; le staphylin s'élance la tête haute et les mâchoires ouvertes, et fond comme un trait sur le
voyageur effrayé. Sans trop se déconcerter cependant, le brachin redouble de vitesse, mais son ennemi s'acharne à sa poursuite et ne tarde pas à le
serrer de près. En ce moment suprême, je fus heureux un instant en songeant que j'allais sauver la
vie à ce pauvre insecte abandonné par la nature, et
déjà je levais le bras pour frapper le monstre,
quand tout à coup un tourbillon de fumée bleuâtre partit de l'extrémité abdominale du brachin;
trois ou quatre explosions successives se firent entendre, et le brigand, éborgné par un jet de va-

peur corrosive, se tordit et roula convulsivement sur le sol.

Le rusé brachin, armé de pied en cap, avait déchargé sur lui quatre coups de... revolver!

Cette singulière propriété de lancer avec explosion contre leurs ennemis une vapeur caustique comme l'acide azotique, a fait donner aux diverses espèces de brachins aujourd'hui connues, les noms caractéristiques de *brachin pistolet, pétard, bombardier, fulminant*, etc., de même que la dénomination populaire de *canonniers*. Le héros de la forêt de Bondy appartenait à l'espèce *pétard (Brachinus crepitans)*.

Après s'être si habilement débarrassé du redoutable ennemi qui le poursuivait, il continua sa course en droite ligne et s'enfonça bientôt sous l'énorme pierre couchée à l'extrémité du fossé.

Cependant le staphylin n'était pas mort. Au bout de quelques secondes il se releva, se frotta le nez dans le sable, et revint tout penaud trouver ses deux compagnons, qui me paraissaient rire un peu de sa mésaventure.

En même temps, quelque chose d'étrange se passait du côté de la grosse pierre où le brachin s'était réfugié : il y avait des mouvements dans les herbes voisines, des têtes formidables se montraient aux crevasses, puis disparaissaient ; il me sembla qu'il s'organisait par là quelque expédition guerrière.

Une grosse pierre dans un champ est presque toujours une ville d'insectes ; le brachin avait sans doute raconté ses exploits aux habitants de celle qui lui avait donné asile, et leur avait probablement conseillé une sortie contre les brigands qui désolaient le pays.

Vraie ou non, cette supposition ne tarda pas à être justifiée, car bientôt une troupe de sept ou huit coléoptères armés de puissantes mâchoires et couverts de cuirasses de bronze sortirent de l'endroit où le brachin était entré, pour se porter du côté des staphylins.

La maréchaussée se mettait en campagne.

Je reconnus dans la troupe la *cicindèle des champs* (*Cicindela campestris*), aux élytres vertes ; le *procruste coriace* (*Procrustes coriaceus*), aux formes gigantesques ; le *calosome inquisiteur* (*Ca-*

losoma inquisitor), le *carabe à collier* (*Carabus monilis*), panaché de violet et d'azur, tous pleins de vaillance et de courage, décidés à vaincre ou à mourir...

Le *calosome* et le *procruste*, dont les longues antennes révélaient la subtilité de l'odorat, marchaient côte à côte en éclaireurs.

> L'un portait la sardine blanche,
> L'autre le jaune baudrier...

Les cicindèles et les carabes trottaient derrière eux ; le brachin, qui sans doute avait usé sa poudre, était prudemment resté sous la grosse pierre et se bornait à faire des vœux pour l'extermination des brigands.

Ceux-ci ne tardèrent pas à sentir l'approche de l'ennemi ; sans trop s'effrayer cependant, ils semblèrent se concerter, et s'apprêtèrent au combat. La rencontre fut terrible ; les trois staphylins luttèrent en désespérés. Un carabe à collier resta mort sur place ; une cicindèle eut deux pattes cassées ; le procruste perdit une antenne, le calosome, lui-même, eut un tibia fracturé par le chef des brigands. Mais ce dernier, saisi par les fortes mandibules de son adversaire, fut coupé en deux, et je vis avec horreur sa tête et son corselet séparés de l'abdomen s'en aller sur trois pattes.

Cette glorieuse portion du staphylin eut elle-même une fin des plus tragiques. Elle était parvenue à se traîner jusque dans un coin reculé du fossé, quand tout à coup une trappe s'ouvrit au-dessous d'elle, et la fit tomber au fond d'un grand trou creusé dans le sol. Cette trappe n'était autre chose que la tête d'une larve de cicindèle, sorte de ver blanchâtre qui se transforme en cicindèle comme la chenille en papillon.

Cette larve, suivant son habitude, s'était accrochée à l'entrée du long tube qui lui sert à la fois de demeure et de piége pour se procurer sa nourriture et dont elle a bien soin de masquer l'orifice à l'aide de sa tête large et aplatie. Le plancher perfide avait basculé au passage du staphylin, et le malheureux débris du chef des brigands, précipité au fond du tube, était devenu la pâture du monstre qui l'habitait.

Cependant, les deux autres staphylins, qui n'avaient reçu dans le combat que quelques blessures insignifiantes, mis en fuite par les vainqueurs, battirent sagement en retraite sous la poutre vermoulue, où ils retrouvèrent trois de leurs compagnons.

Une deuxième bataille, dont je ne pus être témoin, eut lieu dans le repaire ; mais en soulevant la poutre pour savoir ce qui en était résulté, je vis un carnage épouvantable : tous les staphylins et deux cicindèles étaient morts ; il ne restait plus qu'une jambe du procruste ; le calosome achevait d'expirer. L'armée victorieuse était réduite à trois carabes plus ou moins mutilés : et je ne doute pas que ces braves, de retour dans leurs foyers, aient été couverts d'honneurs et de gloire, puisque les choses se passent chez les coléoptères à peu près comme chez nous...

Le combat fini, faute de combattants, je quittai la hutte qui m'avait abrité contre la pluie, et plein d'une vague tristesse, je m'éloignai en rêvant plus que jamais aux grands scélérats que le chef des staphylins rappelait à ma mémoire.

Je m'étais attardé d'ailleurs pour suivre les péripéties de la bataille, et le ciel était encore si sombre qu'il faisait presque nuit. Plus que jamais aussi le bruit du vent me sembla lugubre, et bientôt mon imagination aperçut à travers les arbres une foule d'images fantastiques.....

Pour comble de malheur, troublé par ces visions effrayantes, je pris un sentier pour un autre, et je m'aperçus si tard de mon erreur, que pour la réparer je ne fis que m'égarer davantage.

Les ténèbres devinrent épaisses, et, pensant regagner plus tôt le chemin de fer, je me mis à marcher au hasard à travers les massifs. Je voyais à tout moment de longs sentiers s'enfoncer dans le bois, mais je n'osais les suivre. Tout à coup, je me trouvai dans une sorte de carrefour étroit, plein de brume et d'ombre, et soudain, comme je cherchais à m'orienter, un coup de sifflet aigre, aigu, déchirant, retentit à mon oreille !.....

Je sentis mes cheveux se dresser sur ma tête, je crus voir, dans un éclair, cinq ou six hommes armés se jeter sur moi...

Une seconde après, je passais ma main sur mon front, d'où ruisselait une sueur glacée... J'avais entendu le sifflet du train qui venait de Meaux et s'arrêtait à la station de Noisy !

XIII

UNE EXCURSION

DANS UN VERRE D'EAU

XIII

Il y a deux mois environ, l'idée me vint d'étudier des infusoires au microscope, et pour rassembler une certaine quantité de ces infiniment petits, j'exposai au grand air sur ma fenêtre un verre aux trois quarts rempli d'eau. Il y demeura huit jours. Au bout de ce temps, pensant qu'il devait être suffisamment peuplé, je l'enlevai et je m'aperçus que ses parois étaient tapissées de longs filaments verdâtres semblables à des cheveux d'une grande finesse, et flottant librement au sein du liquide.

Cette végétation inattendue me surprit d'abord, mais bientôt je reconnus que la petite plante accolée au vase de cristal n'était autre chose qu'une *algue* d'eau douce, un végétal des plus élémentaires, appartenant à la nombreuse tribu des *confervacées*.

La nature, toujours généreuse à l'excès, s'était montrée, cette fois plus que jamais, prodigue de ses biens.

J'avais placé un verre sur ma croisée pour qu'elle y fît naître quelques infusoires ; elle avait trouvé moyen d'y semer en même temps une forêt de plantes verdoyantes. Je lui avais confié quelques gouttes d'eau, et elle me rendait un aquarium splendide, où je pouvais étudier à la fois toutes les merveilles du monde microscopique. Il m'était possible de faire une pêche miraculeuse au sein de cet océan dans lequel une mouche n'eût pas pu se noyer, et d'herboriser sur les parois de ce verre comme en pleine forêt de Meudon.

Je montai donc aussitôt mon microscope, et plongeant une paille dans le verre d'eau, je pris une gouttelette du liquide que je déposai sur la *plaque porte-objet* de l'instrument grossissant.

J'aperçus alors un grand nombre d'êtres bizarres qui allaient et venaient en tous sens, se heurtant les uns contre les autres, et se groupant autour d'une foule de grosses barres enchevêtrées qui traversaient le champ du microscope. Ces petits êtres étaient des infusoires et les barres auxquelles ils s'accrochaient des filaments de conferve considérablement grossis. Ces derniers attirèrent surtout mon attention et piquèrent vivement ma curiosité.

Chacun d'eux était partagé par des cloisons verticales d'une minceur extrême, en plusieurs cellules rectangulaires, dans lesquelles apparaissaient des grains arrondis et de couleur verte, qui s'approchaient les uns des autres, s'aggloméraient et se soudaient de façon à former un ou plusieurs corpuscules réguliers ou *spores,* capables de reproduire le végétal.

Au bout d'un temps fort court, ces spores devenaient le siége d'un phénomène étrange. Un filament d'une ténuité excessive naissait à une de leurs extrémités; des oscillations très-rapides mettaient en mouvement cette sorte de cil, et le spore emporté par lui s'élançait au sein du liquide pour aller au loin donner naissance à une plante semblable à celle qui le contenait.

Les algues étant des plantes d'une organisation très-simple, leurs fonctions vitales sont très-élémentaires aussi. La reproduction, qui de toutes ces fonctions est encore la plus compliquée, se fait presque toujours comme nous venons de le voir dans les conferves de mon verre d'eau, au moyen d'une simple cellule, à laquelle un filament donne les moyens de se transporter à de grandes distances.

D'après le milieu qu'elles habitent, les botanistes ont divisé les algues en marines, fluviatiles et terrestres. Les premières ont souvent une coloration brillante ; les autres sont vertes ou noires ordinairement.

Au point de vue industriel et commercial, les algues marines jouissent d'une certaine importance. Quelques-unes, telles que les *fucus* et les *varechs,* qui croissent sur les rochers de nos côtes, servent à la fabrication de la soude et de l'iode ; d'autres sont employées en médecine comme vermifuges.

Les algues fluviatiles ou d'eau douce, ont, la plupart, la forme de filaments simples ou ramifiés ; un petit nombre, cependant, parmi lesquelles il faut citer la *palmelle hyaline (Palmella hyalina),* qu'on peut recueillir à Paris dans les bassins des jardins publics, ont l'apparence d'une feuille, et se rapprochent ainsi des algues marines, qui sont presque toutes foliacées.

Sans utilité aujourd'hui, les *conferves* ont été employées autrefois à la fabrication du papier et même d'étoffes grossières. La *conferve bulleuse* (*Conferva bullosa*) et la *conferve agglomérée* (*Conferva glomerata*), qui flottent à la surface des eaux paisibles, conservent à ces dernières leur transparence et leur pureté. Elles les assainissent en dégageant de l'oxygène et mériteraient à cause de cela d'être placées dans les aquariums, dont elles entretiendraient constamment la limpidité.

Dans quelques ruisseaux de la France, et même, d'après Mérat, dans la petite rivière des Gobelins, à Paris, nage une algue très-curieuse ayant la forme d'un boyau renflé de distance en distance et nommée pour cette raison l'*Ulve intestinale* (*Ulva intestinalis*).

Une algue d'un autre genre, l'*hydrodyction pentagonal* (*Hydrodyction pentagonum*), forme dans les fossés une sorte de lacis assez régulier qui lui a valu le nom de *réseau d'eau*.

Ces deux espèces, assez rares d'ailleurs, ne possèdent aucune qualité digne d'intérêt.

Les plus curieuses des algues terrestres sont les *protococcus* et les *trémelles*. — Le *protococcus des neiges* (*Protococcus nivalis*) colore la neige en rouge sur le sommet des hautes montagnes, et une espèce voisine, le *protococcus atlantique* (*P. Atlanticus*), vivant indifféremment sur la terre et dans les flots, donne aux eaux de la mer Rouge leur coloration.

Les trémelles, dont la plus commune est le *Nostoc*, ont l'aspect de membranes épaisses, gélatineuses, froissées ou repliées sur elles-mêmes.

L'ardeur du soleil les fait mourir et la pluie les ressuscite.

Les anciens, qui ne comprenaient pas ce phénomène, les regardaient comme des plantes mystérieuses, et les prenaient pour des *Fleurs du ciel*, des *Crachats de la lune*, etc. Ces idées extravagantes font sourire aujourd'hui ; mais ne va-t-on pas toujours chercher bien loin l'explication des choses les plus simples?...

XIV

LES

AMOURS DE DEUX PAPILLONS

XIV

LES AMOURS DE DEUX PAPILLONS.

Il y a tout près de Montmorency, à l'entrée du vallon qui s'enfonce entre Montlignon et Saint-Prix, une jolie maison de campagne appartenant au docteur Jules M..., le meilleur de mes amis.

Cette riche habitation, environnée de jardins, de pelouses et de grands arbres, est, à mon avis, l'asile du bonheur. Depuis le mois de mai jusqu'en septembre, le docteur y vit dans la joie auprès de ses vieux parents et d'une jeune et charmante épouse, autrefois son amie d'enfance.

Le dimanche, quelques amis s'y réunissent; on se promène, on chante, on rit, on cueille des fleurs, on fait la dînette sous une tonnelle embaumée, on boit à l'inaltérable tendresse des jeunes époux, à la félicité du ménage, à la verte vieillesse des parents, qu'on fait toujours sourire, et quelquefois même pleurer de joie.

Quand on veut s'occuper sérieusement, on cause d'histoire naturelle, de botanique, d'horticulture, et l'on discute avec le sceptique M. Didier ***, ancien avocat retiré à Argenteuil, le plus joyeux convive de ces réunions amicales, mais aussi le plus difficile à convaincre quand il s'agit d'un fait ou d'une théorie scientifiques.

Depuis un mois environ, mes occupations ne m'avaient pas permis d'aller voir mon cher Jules, quand, l'autre jour, je reçus de lui une lettre très-pressante qui se terminait ainsi :

« ...... Je viens de prendre dans la forêt de Montmorency deux papillons nocturnes voisins des bombyx, d'une couleur jaunâtre, avec une raie noire et une petite tache en forme de *T* grec *(tau)* sur les ailes, signes qui m'ont fait reconnaître l'espèce *attacus tau*.

« Tu sais que les naturalistes ont écrit bien des choses sur la tendresse conjugale de ces lépidoptères ; il paraît, d'après eux, que ces papillons, regardés en général comme des êtres extrêmement volages, sont, au contraire, les mâles surtout, des modèles de constance et de fidélité.

« Je les ai présentés comme tels à toutes les personnes qui ont voulu les voir. Beaucoup trouvent bien étrange que de si petites bêtes aient une vertu que les hommes possèdent si peu, et notre ami Didier va jusqu'à regarder cela comme tout à fait impossible.

« Pour les convaincre, j'ai décidé que nous ferions ce que de grands naturalistes ont déjà fait avant nous. Le papillon mâle, séparé de sa femelle, sera porté dans une boîte à Argenteuil. On lui donnera sa liberté au crépuscule, et j'espère qu'il viendra retrouver son épouse à la maison...

« Viens au plus vite, nous t'attendons. Cette petite fête entomologique ne peut pas se faire sans toi.

« JULES. »

Cette lettre lue, je courus à la gare du Nord, et je montai en wagon. Il était midi environ; à une heure et demie, je frappais à la porte de la délicieuse villa. La plupart des habitués s'y trouvaient réunis. Les uns causaient assis à l'ombre, les autres se promenaient dans les allées; au fond du jardin, le bon père M..., appuyé sur sa canne, montrait avec orgueil à M. Didier deux superbes poires sur un espalier qu'il avait greffé lui-même.

Jules et sa jeune femme, assis sur le gazon au bord d'un étang qui répandait dans le parc une douce fraîcheur, s'amusaient à pêcher de petites carpes pour le repas du soir, et causaient gaîment de toutes les merveilles que renferme le monde des eaux.

Le docteur était ravi de révéler à cette charmante intelligence, qui le comprenait si bien, les admirables secrets de la science, et la jeune femme, charmée de l'entendre, récompensait par un sourire la douceur et la simplicité de ses leçons.

Les élégantes *libellules* dont la larve triste et malheureuse habite le limon impur; le *cousin* qui se sert de sa première dépouille comme d'un frêle bâteau pour voguer vers le rivage; les *gerris* qui patinent à la surface de l'eau; les *nèpes* aux pinces crochues; les longues *ranatres* sèches et maigres comme des morceaux de bois; les *notonectes* qui nagent sur le dos; les *dytiques* carnassiers, qui nagent par saccades; les *hydrophiles bruns* qui bâtissent un nid flottant; l'*argyronète* ou *araignée d'eau*, habile à construire la cloche à plongeur, attiraient tour à tour leur attention et faisaient le sujet de leurs causeries.

Aussitôt qu'ils m'aperçurent, les heureux pêcheurs se hâtèrent d'abandonner leurs lignes et vinrent me recevoir avec la plus grande affabilité. Je leur adressai mes remercîments et mes félicitations, et bientôt nous retournâmes ensemble auprès de l'étang, où le cours pratique d'histoire naturelle, interrompu chaque fois qu'un carpillon mordait à l'hameçon, recommença de plus belle sous les saules pleureurs.

Je fus assez heureux pour grossir d'une douzaine le nombre des petits poissons, et quand la friture nous parut assez abondante, nous la portâmes triomphalement à la cuisine toute parfumée déjà des préparatifs du dîner.

Jules me fit alors entrer dans une chambre obscure et parfaitement close où les fameux papillons de nuit étaient enfermés, en attendant le moment de l'expérience.

Les deux lépidoptères, accrochés l'un à côté de l'autre aux branches d'un oranger, se tenaient parfaitement immobiles et paraissaient dormir. C'étaient bien un mâle et une femelle de l'espèce *attacus tau*, assez rare dans nos environs, mais vraiment remarquable par ses tendres sentiments et son merveilleux instinct.

Comme nous étions occupés à les examiner, une voix bien connue, celle de notre ami Didier, retentit tout à coup dans le jardin.

« — Hé! hé! Jules! s'écria-t-il, mon jardinier vient d'arriver! C'est le moment d'apprêter la boîte! Allons!... »

Presque en même temps, la porte de la petite chambre s'ouvrit, et madame M*** entra, portant deux grandes boîtes recouvertes de canevas et garnies de feuilles.

— Eh bien, dit-elle, voici le moment de séparer les deux pauvres époux... Mais, vraiment, je commence à craindre... Argenteuil est si loin!... S'il allait arriver un malheur à cette pauvre petite bête?...

— N'aie pas peur, ma chère enfant, répondit Jules. Je suis certain qu'il reviendra!... On échappe à tous les dangers et l'on surmonte tous les obstacles, avec un guide comme l'amour !...

Comme il disait ces mots, M. Didier clignant de l'œil avec malice, parut sur le seuil.

— Eh mais ! dit-il, si par hasard ce papillon fidèle rentre ce soir au bercail, à quels signes le reconnaîtrez-vous ?...

— Attendez, répondit le docteur, je ne veux pas que vous pensiez qu'un papillon autre que celui-ci puisse venir faire sa cour à une femelle qui ne lui appartient pas... Nous allons marquer notre lépidoptère de deux taches rouges sur les ailes.

En disant ces paroles, Jules avait saisi l'attacus mâle sur la branche d'oranger. Il prit un pinceau imbibé de carmin, dessina deux petites croix sur les ailes de l'insecte, et l'enferma dans une des boîtes préparées à cet effet. La femelle fut placée dans l'autre boîte, et cette dernière ayant été solidement fixée à l'appui de la fenêtre en plein air, nous descendîmes dans la cour pour remettre le mâle au jardinier qui venait le chercher, lui recommandant bien de ne lui donner sa liberté qu'à six heures et demie précises !...

Quelques instants après on se mit à table, et naturellement la conversation roula presque tout le temps du dîner sur l'instinct des animaux en général et celui des attacus en particulier.

On raconta plusieurs historiettes très-gentilles, la plupart empruntées aux divers ouvrages sur les *animaux célèbres, intelligents et curieux*, mais rien ne put ébranler l'incrédulité de M. Didier, relativement aux papillons de nuit.

Ce qu'il voulait surtout connaître, et ce que personne malheureusement ne pouvait lui expliquer, c'était cette force particulière, cette puissance inconnue, ce sixième sens qui devait, d'après nous, diriger l'attacus parti d'Argenteuil, et le ramener tout droit vers sa femelle, au milieu des bois de Montmorency.

Nous ne pouvions lui développer nos théories sur ce point qu'en nous aidant de comparaisons, d'exemples, de faits analogues puisés dans la science, et le brave homme nous disait, justement quelquefois, qu'au lieu d'éclaircir la question de l'attacus, nous la compliquions de questions semblables sans en élucider aucune.

Nous lui parlâmes des hirondelles et des oiseaux de passage qui savent fort bien l'époque à laquelle ils doivent quitter un pays, et la direction exacte qu'ils doivent suivre pour aller dans un autre. Nous lui rappelâmes l'histoire des pigeons voyageurs qui, transportés à de grandes distances, savent bien retrouver leur colombier, etc., etc.; le brave homme ne se laissait pas si facilement ébranler, et lorsqu'à bout d'objections il faiblissait un peu, il nous disait avec un air de doute très marqué : Nous verrons bien ! nous verrons bien !...

Après avoir parlé de faits généraux, on se mit à citer plusieurs cas exceptionnels, dans lesquels des animaux de toutes les classes avaient vraiment fait preuve d'intelligence et même de raisonnement.

Madame M... nous raconta très gracieusement l'histoire d'un gros chien de berger qui, chaque nuit, dégageait son cou du collier qui le tenait à l'attache, et courait, poussé par de féroces instincts, égorger des moutons dans une ferme voisine. Quant il avait fait un nombre suffisant de victimes, il se rendait à la rivière pour laver sa gueule et ses pattes ensanglantées, retournait dans son chenil, repassait à son cou le collier qu'il avait quitté, et s'endormait paisiblement jusqu'à ce qu'on vînt le détacher.

Le docteur nous cita plusieurs exemples très curieux d'araignées mélomanes et d'oiseaux savants, et le fait intéressant d'une punaise des bois, qui, pour sauver ses petits, luttait avec acharnement contre un gros carabe vingt fois plus fort qu'elle-même.

Quand vint mon tour, je racontai l'histoire d'un crapaud observé par le naturaliste anglais Pennant.

Ce reptile entrait tous les soirs dans une maison à l'heure du souper. Il rôdait quelques instants autour de la table, et faisait entendre de petits cris plaintifs jusqu'à ce que quelqu'un voulût bien s'occuper de lui.

On posait alors une assiette à terre, le reptile s'y installait, et on le plaçait sur la table. Les enfants le nourrissaient de vers de terre et de cloportes, et quand le repas était terminé, le batracien allait se réfugier sous un vieil escalier où il restait caché jusqu'au lendemain.

Pendant de nombreuses années, il vint ainsi régulièrement chaque soir, sans jamais lasser la patience des braves gens qui lui donnaient à manger, et, sans doute, il eût continué longtemps encore ce genre de vie, si, malheureusement, un accident n'eût causé sa mort.

Le dîner commencé de bonne heure, était à peu

près terminé à six heures et demie. Quand cette heure solennelle sonna à la pendule, le docteur leva son verre et porta un toast à l'attacus qui devait en ce moment prendre son essor au-dessus des jardins d'Argenteuil. Nous bûmes au prompt retour du papillon fidèle, et nous nous rendîmes dans le jardin pour choisir un endroit d'où nous pussions le voir venir sans qu'il nous aperçût.

Un long fil fut attaché à la porte de la petite cage où l'attacus femelle était enfermée, afin qu'on pût l'ouvrir lorsque le mâle se présenterait. Jules prit l'extrémité de ce fil dans sa main; nous nous assîmes derrière une touffe de chèvrefeuilles, et l'œil fixé sur la fenêtre où la cage était suspendue, nous attendîmes, pleins d'impatience, le retour du pauvre papillon perdu peut-être en ce moment au milieu des airs.

Nous attendîmes longtemps. Le silence le plus profond régnait autour de nous, les allées du parc s'emplissaient d'ombres épaisses, la vague rougeur qui colorait le ciel à l'occident pâlissait de plus en plus et la nuit succédait lentement au crépuscule.

Une heure se passa, deux heures se passèrent, pas de papillon...

M. Didier nous tenait pour battus; Jules commençait à craindre que le malheureux lépidoptère ne fût devenu la proie de quelque oiseau de nuit.

La lune se leva large et rouge à l'horizon; un de ses rayons tomba sur la cage où la pauvre femelle était enfermée, et nous entendîmes celle-ci se débattre impatiemment contre le canevas qui la retenait prisonnière.

Madame M... voulait qu'on lui donnât sa liberté, disant qu'elle saurait bien retrouver son époux, s'il existait encore; mais Jules la supplia d'attendre seulement une petite demi-heure, et elle voulut bien y consentir.

M. Didier pensait que l'attacus était un vaurien, et que probablement il avait fait en chemin de mauvaises connaissances. Jules et moi, nous espérions toujours.

Voici que tout à coup un point noir apparut au-dessus de nos têtes, se détachant et sautillant sur le ciel étoilé.

— Le voilà! s'écria madame M..., qui l'aperçut la première; le voilà! c'est lui!...

— Oui! oui! répétâmes-nous tout bas, le voilà!... le voilà!...

— Où? où?... où ça, s'il vous plaît? disait M. Didier.

— Mais là, voyez donc, au-dessus de l'acacia !...
— Ah ! vraiment...! Ah ! vous croyez?...

Le papillon, car c'était bien lui, voltigea quelques secondes au-dessus de l'arbre, puis, arrivé vis-à-vis de la fenêtre, il se mit à planer un instant comme pour regarder s'il ne se trompait pas, et descendit doucement vers la cage où palpitait l'objet chéri de ses amours.

Mais soudain une chauve-souris énorme, effroyable, affamée, se détacha du toit de la maison et se précipita sur le lépidoptère !.....

A cette vue, nous poussâmes un cri de douleur et d'effroi...; le monstre décrivit autour du papillon trois ou quatre cercles rapides, fit un crochet vers l'acacia, s'enfonça dans l'ombre et nous ne vîmes plus rien...

Cependant, le fidèle attacus avait pu s'accrocher à une branche de l'arbre, et par ce moyen échapper à la dent cruelle de son ennemi. Le danger passé, il s'élança comme un trait vers la fenêtre, et se cramponnant à la petite cage, il témoigna, par un doux frémissement d'ailes, combien il était heureux d'avoir retrouvé son épouse adorée. La porte pratiquée dans la boîte s'ouvrit, se referma derrière lui, et nous courûmes tous contempler l'humble papillon qui venait de faire preuve de tant d'amour.

M. Didier s'avoua vaincu, et demanda, comme nous, la mise en liberté des deux insectes. Alors Jules découvrit la boîte et la posa sur le bord de la croisée. Les deux attacus, un moment surpris, étalèrent leurs ailes, s'envolèrent vers l'Orient, et, grâce à la clarté de la lune, nous les suivîmes du regard jusqu'à ce qu'un bouquet de chênes les eût complétement dérobés à la vue.

XV

A QUOI PEUT SERVIR UNE RONCE

A QUOI PEUT SERVIR UNE RONCE.

Hier, un de mes amis entra chez moi pour me dire bonjour et me serrer la main. Après avoir longtemps causé de tout ce qui nous intéressait, il se leva et s'approcha d'une vitrine accrochée au mur de ma chambre pour y examiner quelques curiosités.

Un morceau de ronce desséchée, long de cinquante centimètres environ et soigneusement collé sur une feuille de carton bordée de rose, attira son attention et le fit sourire.

— Oh! ces naturalistes! dit-il, je ne sais vraiment
où ils vont chercher tout ce qu'ils ramassent! Voici
un morceau de ronce qui n'a rien de remarquable...
il est affreux, hérissé d'épines, jauni, fendillé, desséché... A quoi cela peut-il servir?

— C'est une maison, répondis-je?

— Comment!... ça... une maison!...

— Attends un peu, je vais t'expliquer, dis-je en
ouvrant l'armoire vitrée...; et montrant à mon ami
le morceau de ronce détaché du carton, je lui fis remarquer qu'il était creusé dans toute sa longueur et
qu'il avait l'apparence d'un tube ouvert aux deux
bouts.

— Tiens! fit-il, quel ouvrier a été assez habile
pour creuser cette ronce de cette façon. Tout l'intérieur a été enlevé... Il ne reste vraiment plus que
l'écorce..... On dirait un fourreau... C'est bien
étrange...

— Eh bien! repris-je, voilà que ce vilain morceau de bois, que tout à l'heure tu n'aurais même
pas osé prendre avec tes doigts, commence à t'inté-

resser... que serait-ce si je te racontais son histoire !...

— Son histoire !... Tu sais son histoire ? Ah !
mais je veux la connaître aussi... asseyons-nous, je
t'écoute...

Je replaçai la ronce sur son carton.

— L'an dernier, vers la fin de l'été, dis-je à mon
ami, je me trouvais à Fontainebleau, chez un de
mes cousins. J'occupais une petite chambre dont
la fenêtre s'ouvrait sur un grand jardin, et j'avais
installé au bord de cette fenêtre trois ou quatre
bocaux, dans lesquels j'élevais des larves d'insectes.

Pour permettre à l'air d'y pénétrer facilement,
je m'étais contenté de couvrir l'ouverture de ces
vases avec un grillage en fil de fer à mailles très lâches ; mais comme il était impossible aux larves de
grimper sur les parois glissantes de leur prison,
j'étais bien persuadé qu'elles ne pourraient s'échapper par là.

Dans un des bocaux, j'avais placé dix petites chenilles, d'un beau vert soyeux et marquées de quel-

ques taches jaunes. J'en prenais le plus grand soin, car je m'attendais à les voir se chrysalider d'un jour à l'autre, et j'avais reconnu qu'elles me donneraient de très beaux papillons de la famille des *tordeuses*.

Or, un soir, en revenant d'une excursion entomologique, je m'aperçus qu'une de mes prisonnières avait disparu. Elles n'étaient plus que neuf; la dixième ne put se retrouver.

Quelque étrange que me parut cette disparition, je ne changeai cependant rien à mes bocaux; le lendemain, en me levant, je comptai encore..., toujours neuf.

Je sortis de bonne heure; à midi, je rentrai pour déjeuner, et je fis de nouveau le dénombrement de mes larves. Aucune ne faisait défaut.

A une heure, je partis pour la promenade, et je rentrai à trois.

Quel ne fut pas alors mon étonnement quand, en jetant les yeux sur mes chenilles, je m'aperçus qu'elles n'étaient plus que sept!... Deux autres étaient parties en deux heures de temps!... Mais comment?... par quel moyen?... J'avais sous les yeux un problème que je ne pouvais résoudre, et dont je désirais beaucoup cependant connaître la solution.

Je me mis en embuscade derrière le rideau de la fenêtre, et l'œil fixé sur les chenilles, j'attendis. De temps en temps des mouches venaient se poser sur la croisée. Elles voletaient autour du vase, se promenaient sur ses bords, pénétraient dans son intérieur par les mailles du couvercle, puis ressortaient mais aucune des larves ne disparaissait.

Tout à coup un bourdonnement sonore se fit entendre, et je vis une sorte de petite guêpe planer comme un oiseau de proie au-dessus du bocal. Elle tournoya deux ou trois fois très rapidement en s'approchant de son ouverture, passa comme un trait entre deux barreaux du grillage métallique, saisit entre ses pattes la larve qu'elle avait choisie, et reprit son vol avec une extrême promptitude.

Surpris et charmé à la fois de tant d'audace, je m'élançai à la croisée, et j'aperçus l'insecte ravisseur se détachant comme un point sur le ciel bleu, gagner de toute la vitesse de ses ailes le côté du jardin où la haie était le plus impénétrable.

Je courus aussitôt à l'endroit où je crus le voir se poser, et après avoir attentivement cherché si je le voyais à travers les feuilles, je découvris une ronce à demi desséchée, qui sortait de la haie à quelques pouces au-dessus du sol.

Cette ronce était celle que tu vois dans ma collection.

Je remarquai avec étonnement que son extrémité, brusquement coupée, présentait une ouverture et que la moelle et une partie des couches ligneuses avaient été perforées comme on aurait pu le faire avec une vrille. Je me souvins alors d'un certain hyménoptère, l'*odynère de la ronce (Odynerus rubi)*, qui fait son nid dans les tiges desséchées de cet arbrisseau, et je compris pourquoi cet industrieux insecte venait m'enlever mes chenilles.

M'étant posté près de la haie, je vis l'odynère s'échapper par l'ouverture du tube qu'il avait creusé, puis revenir un moment après avec une chenille, et enfin boucher, avec une sorte de pâte faite de moelle pétrie, la porte d'entrée de son domicile.

Ce travail terminé, il disparut pour ne plus revenir.

Deux jours après, je coupai la ronce près de sa

racine et je la fendis sur une longueur de neuf centimètres environ pour étudier l'œuvre de l'insecte. Le tube était divisé par une série de cloisons transversales construites avec la même pâte que le bouchon extérieur, en un grand nombre de cellules successivement placées les unes à la suite des autres, et contenant chacune un œuf et une petite chenille.

Dans le morceau de ronce que j'ai conservé, ces œufs se sont développés, et les larves qui en sont sorties ont dévoré les chenilles, après quoi elles ont tapissé de soie leurs cellules et s'y sont endormies pour attendre leur transformation.

Un beau matin, j'ai entendu des frémissements d'ailes sur les carreaux de ma vitrine. C'étaient des odynères à l'état parfait qui sortaient de leur berceau pour s'envoler dans les airs.

Ce qu'il y a de bizarre en tout ceci, c'est que c'est précisément l'œuf qui a été le dernier pondu qui doit éclore le premier, afin que les insectes occupant les cellules inférieures n'aient à détruire, pour sortir, que la cloison qui les sépare de la cellule placée immédiatement au-dessus d'eux.

— Voilà, mon ami, l'histoire de ce morceau de ronce... Tu vois que c'était bien véritablement une maison dont les propriétaires se sont enfuis un beau jour pour aller dans les buissons en construire de semblables, et où ils ne sont jamais revenus.

— C'est vrai, me répondit mon ami, cette histoire est très intéressante et fort curieuse ; mais ce qui excite surtout mon admiration, c'est la sagesse de la nature qui fait servir à de si belles choses un morceau de ronce que tout à l'heure je ne croyais bon qu'à jeter au feu.

XVI

UNE MAISON AU PILLAGE

XVI

UNE MAISON AU PILLAGE

Il y a tout près de Châtenay deux maisons de
campagne bâties sur le même modèle, séparées seulement l'une de l'autre par un mur mitoyen, et dont
les propriétaires vivent en parfaite intelligence, ce
qui n'est pas très commun.

L'un d'eux, Amédée de R..., est mon ancien ca-
marade de collége ; l'autre, le père Geoffroy, devint
mon ami le jour où je le vis pour la première fois
chez Amédée.

A la campagne, deux voisins complaisants et so-
ciables comme il convient de l'être, se connaissent
bien vite, surtout quand ils possèdent chacun une

femme charmante pour entreprendre les premières relations.

Un beau jour de printemps, madame Geoffroy avait admiré les tulipes de madame Amédée, et celle-ci avait trouvé magnifiques les dahlias de celle-là. Le lendemain, les deux voisines s'offraient réciproquement des tubercules et des oignons à fleurs, les deux voisins dissertaient sur l'utilité des crapauds en horticulture, et deux jours après on parlait d'ouvrir une porte dans le mur mitoyen.

Dernièrement, étant allé voir Amédée à Châtenay, je lui demandai des nouvelles de ses bons voisins.

— Mon ami, me dit-il, je crois qu'ils arrivent aujourd'hui d'Étretat. Voilà bientôt trois mois qu'ils sont partis, ils doivent être fatigués de la vue de l'Océan et des bains de mer...

Bientôt, en effet, nous entendîmes vers la porte d'entrée de vives exclamations de surprise et de joie, et nous aperçûmes à travers la grille madame et monsieur Geoffroy, qui nous revenaient frais et roses, complétement rajeunis par la brise marine et l'action bienfaisante de l'eau salée.

Nous courûmes leur adresser nos félicitations et leur demander des nouvelles de leur voyage.

Madame Geoffroy était radieuse, son mari rayonnait.

— Oh! mes enfants! s'écriait-il, quel spectacle! que c'est beau! que c'est grand! Ah! que nous nous sommes amusés! et baignés!... et promenés!... Imaginez-vous que nous avons failli être noyés par une tempête! C'était superbe!..... Je viendrai vous conter ça tantôt!...... Je ne vous dis pas adieu...

Les deux voyageurs allèrent reprendre possession de leur maisonnette; mais à peine en avaientils ouvert la porte et les fenêtres, que le père Geoffroy montra brusquement sa tête au-dessus du mur mitoyen.

. — Hé! messieurs, s'écriait-il, venez voir!..... Quelque chose de curieux, par exemple!... Ce n'est qu'à moi que ces choses-là arrivent!... Figurez-vous que mon immeuble est complétement envahi par les insectes!...

Nous partîmes d'un grand éclat de rire, mais le voisin reprit :

— Je ne plaisante pas!... Ce n'est pas bien

drôle!... Armez-vous de poudre de Vicat et venez à mon secours!... Je vous assure que c'est effrayant!...

Nous prîmes chez Amédée toute la poudre et tous les soufflets insecticides que nous pûmes trouver, et nous courûmes gaîment faire la guerre aux insectes envahisseurs.

Le père Geoffroy, tout alarmé, nous conduisit d'abord dans une chambrette où était placée une grande armoire servant de garde-manger. Ce local n'était éclairé que par une lucarne donnant sur le jardin et garnie de deux barreaux de fer. A l'un d'eux était attachée une mince ficelle tenant par son autre extrémité à un clou fixé dans la paroi extérieure du garde-manger, et le long de cette ficelle allaient et venaient une foule de corps noirâtres doués d'une grande agilité.

Ces petits acrobates, bien plus forts que l'illustre Blondin ou la célèbre madame Saqui, étaient tout simplement des fourmis.

Elles étaient divisées en deux colonnes : les unes sortaient de l'armoire et se dirigeaient vers la lucarne, les autres entraient par la lucarne et se dirigeaient vers l'armoire. Les premières tenaient entre leurs pattes des miettes d'une substance blanche ou des parcelles de gelée rougeâtre; les autres, plus légères, ne portaient rien, et probablement allaient prendre leur charge dans le garde-manger.

L'aspect de cette ficelle couverte d'êtres vivants, avait quelque chose de fantastique et rappelait vaguement la mystérieuse échelle de Jacob.

A cette vue, je ne pus m'empêcher de rire, car il était facile de comprendre ce dont il s'agissait.

— Eh bien! me dit d'un ton de tristesse le père Geoffroy; eh bien! que pensez-vous de ça?

— Ma foi, répondis-je, je pense que ces petites bêtes agissent un peu sans façon avec vous. Il me semble que celles qui portent ces miettes blanches entre leurs pattes font le déménagement de votre sucrier', et que celles qui sont chargées de parcelles rouges viennent en droite ligne de vos confitures...

Ces paroles frappèrent au cœur monsieur Geoffroy.

— Nos confitures, s'écria-t-il, grand Dieu! est-ce possible?... Ernestine! Ernestine! viens donc voir, je t'en prie!...

Madame Geoffroy accourut :

— Quels sont ces cris? demanda-t-elle.

— Mais, mon enfant, ta gelée! ta gelée!... regarde donc ta gelée de groseilles, ce qu'elle devient... Voilà deux cent mille petits voleurs qui depuis trois mois peut-être sont en train de nettoyer les pots, et le sucrier aussi... Il est temps que nous revenions, hein!... On a bien raison de dire : Quand les chats n'y sont pas, les rats son maîtres!... Ouvre-moi cette armoire, que nous voyions un peu!

Madame Geoffroy ouvrit le garde-manger; il contenait peu de fourmis. Celles-ci, après avoir quitté la ficelle, entraient par une fente et pénétraient, les unes, dans un sac de papier à peu près vide où elles s'emparaient d'un morceau de sucre; les autres, dans un pot à confitures fortement endommagé, où elles se chargeaient, autant que leurs forces le leur permettaient. Toutes regagnaient alors la fente de l'armoire, suivaient la ficelle, franchissaient la lucarne et descendaient à l'extérieur, le long du mur, pour regagner leur fourmilière. Le pillage s'opérait méthodiquement et avec une grande régularité.

— Allons, dit Amédée en examinant l'armoire,

les dégâts sont ici peu considérables ; il suffira, je crois, d'enlever la ficelle et de souffler dans l'armoire quelques bouffées de tabac pour que cette armée de maraudeurs ne reparaisse plus…

— Malheureusement, reprit M. Geoffroy, ce n'est pas tout ! Dans ma chambre à coucher, le placard où je mets mes habits, les rayons de ma bibliothèque et les tiroirs de ma commode servent aussi de repaire à des légions d'insectes encore plus effrontés que ces fourmis. Venez, vous allez en juger…

Nous entrâmes dans la chambre du père Geoffroy, et le brave homme mit promptement sous nos yeux les vêtements compromis. La plupart étaient attaqués par les insectes, et il était facile de reconnaître, à la vue des dégâts, le nom des dévastateurs.

Un vieux paletot de laine, à longs poils, avait surtout été maltraité. Il était livré à une centaine de larves au moins, de cette espèce de papillons nocturnes que les savants appellent la *teigne des tapisseries (Tinea tapezella)*, et que l'on designe ordinairement sous le nom de *mites*. Ces larves avaient rongé les poils du vêtement, les avaient réunis entre eux à l'aide d'une substance agglutinante et de fils de soie, et en avaient fait une foule de petits tubes munis d'une porte à chaque extrémité. Dans ces tubes étaient enfermées les larves qui se trouvaient posséder ainsi, à peu de frais, une excellente robe de laine, taillée sans façons dans le paletot de M. Geoffroy.

Pendant que ces teignes ravageuses dévoraient les vêtements de notre voisin, une espèce à peu près semblable, la *teigne des pelleteries* (*Tinea pellionella*), sillonnait une peau d'ours étendue aux pieds de son lit, et, dans un coin, un coffret recouvert de cuir était perforé par les larves d'un coléoptère, l'*Attagenus pellio*.

Amédée proposa de couvrir tous les objets attaqués d'une couche de pyrèthre, et se mit à souffler dans toutes les directions des tourbillons de poudre insecticide.

M. Geoffroy, charmé de l'empressement et du zèle que nous mettions à le secourir, nous conduisit alors vers sa bibliothèque.

— Tenez, nous dit-il, voici un livre... un chef-d'œuvre... les *Orientales,* de Victor Hugo, que je retrouve complétement percé de part en part... On dirait un trou fait à l'emporte-pièce... Quel est le monstre qui a fait cela?...

— C'est une *vrillette*, répondis-je.

— Eh bien, s'écria vivement Amédée, je demande la grâce de cette vrillette-là!... Elle a fait preuve d'intelligence et de sagacité!..... Voyez comme elle a bien choisi le plus bel ouvrage de la collection pour en faire sa pâture!... Elle s'est bien gardée d'entamer ce volume de Boileau placé à côté des *Orientales* et bien plus richement relié!... Elle a craint évidemment de ne pouvoir le digérer!...

— Oui, oui, c'est très bien, ce que vous dites-là, mon cher ami, répondit bonnement le père Geoffroy, mais je ne puis pourtant pas laisser au milieu de mes livres un nid de vrillettes... Tenez, voyez-vous ces trous ronds dans les rayons de la bibliothèque et ces petits amas de poussière jaunâtre, comme il en tombe des planches vermoulues?... C'est encore l'œuvre de ces bestioles, tout cela!... Je ne tiens pas à ce que mes meubles soient taraudés comme par des termites... Voilà un panneau percé déjà comme un crible... On dirait qu'on a tiré à la cible dessus avec du plomb de chasse... Ces diables d'animaux ont de terribles mâchoires, et ils vont vite en besogne, quoique ces planches de chêne soient certainement d'une grande dureté...

— Cette dureté ne les inquiète guère, repris-je,

car ces insectes ont des mandibules parfaitement disposées pour ronger les corps les plus résistants. Il existe des exemples extraordinaires de perforations produites par des larves de vrillettes, de *callidies sanguines* (*Callidium sanguineum*), et d'autres longicornes xylophages.

On entend souvent la nuit, dans les cloisons en planches, un petit bruit sec et redoublé, une sorte de tictac monotone, analogue au battement d'une montre, et que l'on désigne en beaucoup d'endroits sous le nom d'*horloge de la mort*. Ce bruit est produit par des vrillettes logées dans l'épaisseur des planches, qu'elles perforent. C'est une sorte d'appel que fait l'un des sexes à l'autre, et il ne cesse ordinairement qu'après qu'ils se sont rencontrés.

On a vu des vrillettes faire des perforations d'une longueur incroyable : MM. Kirby et Spence ont publié une note sur un de ces coléoptères qui, dans une bibliothèque publique, avait percé une galerie au travers de vingt-sept volumes, et M. E. Desmarest a recueilli plusieurs faits, montrant bien que les corps les plus durs peuvent être troués par les insectes perforants.

Cet habile observateur a vu à la Glacière, auprès

de la rivière des Gobelins, une portion de mur dont beaucoup de moellons étaient profondément percés par le *dermeste vulpin (Dermestes vulpinus)*, et le *dermeste du lard (D. lardarius)*. Dans leurs trous, il a trouvé aussi quelques petits insectes du genre *andrène* et de nombreuses dépouilles de larves qui s'étaient réfugiées dans ces galeries pour subir leurs métamorphoses. Les trous étaient pratiqués dans l'intérieur du calcaire grossier et du plâtre, et ils étaient si nombreux qu'on avait été obligé une année de recrépir le mur.

M. Desmarest rapporte, en outre, qu'on a vu quelquefois des callidies et des bostriches percer des lames et des creusets de plomb, et il cite l'observation de deux coléoptères de l'espèce *apate capucina*, qui ont perforé des clichés typographiques dans l'imprimerie de MM. Ardant frères, à Limoges.

Il y a quelques années, enfin, M. le maréchal Vaillant a montré à l'Académie des sciences de nombreux paquets de cartouches dont les balles avaient été percées pendant la campagne de Crimée, par un hyménoptère voisin des cynips, le *sirex jouvenceau (sirex juvencus)*.

— Tout cela est bien singulier sans doute, repartit M. Geoffroy, mais il est fort désagréable de nourrir et de sentir chez soi ces petits êtres que vous trouvez si intéressants. Dans ma maison, le mal n'est pas certainement aussi terrible que je me l'étais figuré quand j'ai vu mon garde-manger envahi par les fourmis et mes vêtements dévorés par les teignes; mais si nous étions demeurés un peu plus longtemps aux bains de mer, je crois qu'à notre retour cet appartement n'eût pas été habitable.

Je vous suis très reconnaissant, mes chers amis, de m'avoir porté les premiers secours. Si le mal ne cède pas bien vite, nous emploierons les grands moyens, le camphre, la benzine, l'huile de pétrole, les fumigations aromatiques, narcotiques, sulfureuses ou mercurielles, en prenant bien entendu toutes les précautions nécessaires pour ne pas être asphyxiés ou empoisonnés.

Je crois d'ailleurs qu'une surveillance continuelle et le fréquent examen des armoires ou des objets attaqués doivent donner à eux seuls d'excellents résultats.

— Vous avez raison, mon cher Geoffroy, répondit Amédée, ces moyens simples et faciles sont meilleurs, à mon avis, que toutes les poudres et toutes les fumigations insecticides. Vous savez aussi bien que nous, mon cher ami, que rien ne remplace l'œil du maître...

XVII

UN DRAME DANS UNE ORNIÉRE

XVII

UN DRAME DANS UNE ORNIÈRE

Se manger les uns les autres! voilà, cher lecteur, une loi bien terrible, à laquelle cependant plus d'un grand peuple est soumis ici-bas. En voulez-vous des preuves? Regardez autour de vous, vous serez aveuglé par le nombre. Désirez-vous des exemples? Recueillez tous ceux que vous trouverez depuis le jour seulement où Lafontaine écrivait : « *La raison du plus fort est toujours la meilleure,* » essayez de les compter, et vous n'y parviendrez pas...

Parcourez toute la série des êtres animés, depuis l'infusoire jusqu'à l'homme, ajoutez-y même les

plantes, si vous le voulez, interrogez tous les mon-
des, toutes les tribus, toutes les familles, partout
vous verrez se réaliser cette fable du *Loup et de
l'Agneau*, dont je vous citais tout à l'heure le premier vers. A mesure que vous passerez d'une espèce
à l'autre, les acteurs du drame changeront, mais le
fond restera le même.

Vous trouverez, au milieu de tous, un peuple
que cette loi redoutable frappe surtout avec une
extrême rigueur. Ce peuple bien grand et fort intéressant, je vous l'assure, constitue dans l'échelle
animale l'embranchement des *articulés*, et plus
d'une fois encore je vous parlerai de son organisation et de ses mœurs.

Chez lui, la guerre est en permanence ; mais tout
individu qui, ce matin, aura fait périr un être plus
faible que lui, sera croqué ce soir par un autre plus
fort, lequel ne tardera pas à devenir la proie d'un
troisième plus redoutable encore.

Il n'est pas, vous le voyez, de peuple qui com-
prenne mieux la peine du talion, et chez lequel la
justice se pratique d'une manière plus bizarre. On
ne trouve là ni gendarmes, ni prisons, ni procès.
Chaque citoyen est juge, exécuteur, coupable, victime enfin à son tour et presque en même temps,

puisque, dans ce monde singulier, c'est en punissant un criminel qu'on devient criminel soi-même.

Notez aussi que c'est en exerçant la justice de cette façon que ce peuple curieux trouve sa nourriture, et que, chez lui, tout le secret d'avoir une longue existence consiste à toujours attaquer plus faible que soi et à ne jamais se laisser surprendre.

Il peut quelquefois arriver, pourtant, ici comme ailleurs, que cette justice soit de temps en temps légèrement aveugle, et qu'un pauvre innocent périsse sous la dent d'un individu si féroce et si cruel, qu'il n'est plus en face de sa victime un simple instrument de la justice, mais bien seulement un misérable meurtrier.

Laissez-moi vous rendre compte à ce propos d'une scène terrible dont le hasard m'a fait témoin l'autre jour.

C'était dans un chemin couvert, près de Meudon.

Il avait plu depuis peu, la chaussée était boueuse,

et sur ses bords les chariots en passant avaient tracé de profondes ornières.

Fatigué d'une longue course, je m'étais assis sur une pierre au bord de ce chemin; devant moi se dressait un talus couronné d'une haie épaisse, et quelques feuilles mortes étaient éparpillées sur le sol.

A mes pieds se trouvait par hasard une de ces feuilles flétries, et machinalement je me mis à la remuer du bout de ma canne. Un gros ver de terre réfugié sous ce frêle abri, ne s'y trouvant plus en sûreté, sans doute, en sortit alors tout effrayé pour chercher ailleurs un autre asile. Dans ce but, il se dirigea vers le talus, mais il rencontra malheureusement sur sa route l'ornière très-profonde en cet endroit, et se vit forcé de s'arrêter, n'osant pas descendre au fond de cet abîme.

Tout à coup, à quatre ou cinq pouces de l'endroit où il se trouvait, de l'autre côté de l'ornière et presque à la base du talus, j'aperçus quelques grains de sable qui s'éboulaient, et un peu plus haut, dans la fente d'une pierre, une petite tête qui se montrait au dehors.

A cette tête, surmontée de deux antennes, brillaient deux gros yeux qui regardaient le ver de terre avec une étrange fixité. Bientôt un corps rous-

sâtre, étroit, couvert d'une douzaine de petites plaques articulées entre elles et long de près d'un
pouce, apparut à son tour ; deux puissantes mâchoires, coupant comme des ciseaux, s'agitèrent sous
les antennes, et tout cela se mit en marche sur une
trentaine de pattes environ.

Le monstre constitué de la sorte était une *scolopendre*, un de ces petits animaux connus de tout le
monde sous le nom de *mille-pattes,* et que les savants rangent à côté des insectes, dans la classe des
myriapodes ou *mille-pieds*.

C'était un individu de l'espèce appelée *scolopendre fourchue (Scolopendra forficata)*.

Dès qu'elle avait aperçu du haut de son observatoire le ver de terre rampant sur le chemin, son
instinct et son appétit féroces s'étaient subitement
réveillés, et comme ces seigneurs du moyen âge
qui descendaient de leurs châteaux pour dé-
trousser et mettre à mort les voyageurs, elle se
précipitait, avide de sang, sur le malheureux annélide.

En un clin d'œil elle arriva au bord de l'ornière,
y descendit, remonta rapidement la paroi opposée

et vint se mettre effrontément en face du ver, lui
barrant le passage et lui montrant sa formidable
paire de mandibules.

Elle avait ainsi tout à fait la mine d'un brigand demandant à un voyageur la bourse ou la
vie.

Le ver de terre, qui n'avait que son existence à
donner ou à défendre, ne fut sans doute pas d'avis
de se laisser égorger sans faire d'opposition. Au
contraire, lui, faible et nu, timide comme l'inno-
cence, ayant tous les désavantages dans le combat
qu'il allait soutenir, ne se déconcerta pas devant son
terrible adversaire, et s'apprêta du mieux qu'il put à
parer ses coups.

Le terrain sur lequel allait avoir lieu le duel n'é-
tait d'ailleurs pas très favorable aux perfides manœuvres du malfaiteur. Il était couvert par places
d'une couche de boue liquide, et tout près du lieu
précis où la lutte devait s'engager, se trouvait l'ornière large, béante, à pic, prête à engloutir les deux
champions au moindre mouvement qu'ils feraient
de ce côté. Elle était, du reste, bien moins boueuse
que la chaussée; les roues en passant avaient séché
ses parois.

L'attaque ne tarda pas à commencer. La scolopendre se précipita furieuse sur le ver de terre et se

cramponna à lui à l'aide de ses dernières pattes, formant une espèce de *fourche*, comme l'indique le nom scientifique de l'animal.

Malheureusement pour elle, le ver s'attendant à cet assaut, s'était raidi de toute sa force et avait contracté ses anneaux. Lorsqu'il se sentit saisi par la puissante fourche, il se détendit brusquement, comme un ressort, et son ennemi, désarçonné sans avoir pu mordre, alla rouler dans la boue.

Sans se rebuter pourtant, il se releva, revint à la charge, mais ce fut en vain.

Il s'élança jusqu'à cinq fois de suite, cinq fois il fut repoussé. Le ver se débarrassa de ses dangereuses étreintes toujours avec le même courage et le même bonheur.

Honteuse et déjà vaincue, la scolopendre se prépara à un sixième assaut. Cette fois, son antagoniste paraissait fatigué. Ces contractions forcées et ces détentes brusques, renouvelées cinq fois, avaient épuisé sa force musculaire. Il abandonna son premier système de défense et se mit à exécuter une foule de mouvements prompts et saccadés... Il s'allongeait et se raccourcissait, se roulait sur lui-même, faisait toucher sa tête et sa queue, se levait, s'abaissait, se haussait sur son ventre ou rampait en rasant le sol, n'occupant jamais deux fois la même place et déjouant tous les plans d'attaque de son ennemi. Cet habile manège dura pendant une minute. A la fin pourtant, la scolopendre, hideuse, couverte de boue, exaspérée de frapper toujours dans le vide, s'arrêta comme pour préparer un nouveau plan de bataille.

Je ne sais si son instinct ou le hasard seul la servirent en ce moment, toujours est-il qu'elle s'approcha de l'ornière, parut en mesurer d'un regard la profondeur et la largeur, puis, sûre d'elle-même, revint subitement attaquer en flanc son courageux adversaire.

Cette manœuvre me surprit; mais tout à coup, au moment où j'allais en deviner la cause, je ne pus retenir un léger cri d'étonnement : ce que je prévoyais déjà venait d'arriver : les combattants, poussés l'un par l'autre, avaient roulé au fond de l'ornière!

Je me penchai, curieux de savoir ce qu'ils devenaient. La ruse du mille-pattes avait pleinement réussi. Le ver, plus lourd que son antagoniste, avait pris le dessous pendant la chute, et ce dernier, attaché à ses flancs, avait eu le temps de lui faire une profonde blessure. Ses fortes mandibules avaient saisi le malheureux ver par le milieu du corps et l'avaient presque coupé en deux. La plaie était large et saignante, et le ver, luttant jusqu'à la fin, l'agrandissait encore par ses mouvements désordonnés.

La scolopendre, sûre désormais de la victoire, avait lâché prise et rôdait autour de sa proie, qui s'épuisait de plus en plus. Bientôt, pourtant, elle revint à la charge, fit au pauvre annélide plusieurs autres blessures consécutives, et se mit alors à se repaître de son sang. Lorsqu'elle fut rassasiée, elle sembla s'éloigner quelques instants du cadavre de sa victime, mais, en proie à une rage aveugle, elle ne tarda pas à se ruer de nouveau sur lui et à le déchirer en petits morceaux !... Cette horrible cruauté souilla son triomphe.

La scolopendre, toute ensanglantée, reprit alors le chemin de son repaire. Elle gravit la paroi de l'ornière qui la séparait du talus; arrivée au niveau de la chaussée, elle s'arrêta pour contempler les débris de sa victime, et, la démarche altière, les antennes relevées, se disposa à regagner la crevasse de la pierre par laquelle elle était sortie.

Malheureusement pour elle, j'avais suivi toutes

les phases du combat, et la férocité du cruel myriapode m'avait indigné.

N'étais-je pas d'ailleurs la cause du meurtre qu'il
venait de commettre? En remuant la feuille sous
laquelle le ver de terre s'était réfugié, n'avais-je pas
livré ce pauvre être à la mort? Je saisis donc le coupable au moment même où il allait pénétrer dans
son obscure retraite, et je l'enfermai avec beaucoup
de soins dans ma boîte à insectes. La boîte contenait quelques grains de pyrèthre; quand je voulus
la rouvrir, j'aperçus au fond la scolopendre raide
morte.

Elle avait expié son crime.

Aujourd'hui, elle repose au milieu d'insectes de
toutes sortes; elle occupe une place à part dans cette
collection d'honnêtes personnages, et son armure
terreuse et maculée de sang y contraste d'une manière étrange avec les manteaux de velours des papillons, les voiles de gaze des libellules, et les cuirasses d'or des scarabées.

XVIII

LES QUINZE MALADES

DE LA FORÊT DE SAINT-GERMAIN

XVIII

LES QUINZE MALADES DE LA FORÊT
DE SAINT-GERMAIN.

Il existe dans la forêt de Saint-Germain-en-Laye, tout près de Carrières-sous-Bois, un petit massif de chênes tordus et rabougris. Ces pauvres arbustes, au nombre de quinze environ, manquent de forces pour déployer à l'air et à la lumière leurs rameaux noueux.

Tristes et souffrants comme des enfants rachitiques, ils sont restés nains et chétifs depuis leur enfance, et n'ont jamais pu toucher de leurs maigres cimes les branches les plus basses des arbres voisins.

Ni les douces pluies d'avril, ni les vivifiants

rayons du soleil de juin ne peuvent les guérir
de leurs souffrances, et ce n'est qu'avec peine
qu'ils produisent tous les ans quelques bouquets
de feuilles difformes que leur sève est insuffisante
à nourrir. Ils sont misérables, sombres, sans gaîté,
même aux plus beaux jours du printemps; ce
sont les enfants dégénérés des grands chênes de la
forêt.

Rien cependant de ce qui donne la vigueur et la
force à leurs pères ne leur fait défaut : leurs racines
puisent dans le même sol, ils jouissent du même
soleil et des mêmes ondées.

Le voisinage de leurs aînés, loin de leur être nuisible, leur fournit un abri contre les pluies violen-
tes; tout ce qui végète autour d'eux respire la fraîcheur et la santé.

C'est en herborisant dans la forêt, au mois d'avril
dernier, que je découvris ce petit massif. L'aspect
souffreteux de ces pauvres chênes attira mon attention, et je me mis à chercher la cause de la cruelle
maladie dont ils étaient atteints.

La plupart des feuilles, surtout celles de l'an
passé, encore attachées aux branches, quoique
sèches et flétries, étaient chargées de ces petites sphères de différentes grosseurs, connues
des enfants sous le nom de *pommes de chêne*,

et communément appelées partout des *noix de galle*.

Le plus grand nombre d'entre elles, de couleur verdâtre ou jaunâtre, avait le volume d'une cerise, et reposait sur la nervure de la feuille ; quelques-unes, semblables à des groseilles, siégeaient au contraire entre les nervures, sur le *parenchyme* ; d'autres, de consistance ligneuse, arrondies comme une noisette, ou irrégulières et trouées comme un morceau d'éponge, naissaient du *pétiole* ou queue de la feuille, ou de l'écorce même des plus tendres rameaux.

Ces galles, que l'on rencontre fréquemment sur les chênes, mais ordinairement en très petit nombre à la fois, étaient tellement abondantes sur chacun des quinze petits arbustes, que je n'hésitai pas à leur attribuer la cause de la maladie dont ces derniers étaient atteints.

Sur tous les points où elles se trouvaient, le végétal était atrophié, froissé, ratatiné. Les bourgeons avaient été flétris avant leur épanouissement, et la sève de l'arbre, puisée en grande partie par ces galles parasites, leur avait donné la nourriture et la vie au détriment de l'arbre lui-même.

Cela me fit penser que les petits chênes étaient comme ces malheureux phthisiques que ronge et dévore un mal affreux : ils s'étiolent et dépérissent de jour en jour.

Cependant, comme j'examinais quelques-unes des pommes de chêne que j'avais recueillies, je fus tout à coup assailli par une nuée de moucherons qui voltigeaient gaîment à travers le massif. Deux ou trois fois, je les écartai machinalement avec la main, sans m'en préoccuper davantage ; mais à la fin, quelques-uns étant restés entre mes doigts, j'en profitai pour faire plus ample connaissance avec ces importuns visiteurs.

Grâce à la loupe dont j'étais muni, je pus satisfaire ma curiosité et découvrir fort aisément la famille et l'espèce à laquelle ils appartenaient. Leurs quatre *ailes membraneuses*, leur corselet globuleux, leur abdomen comprimé me révélèrent que c'étaient des insectes *hyménoptères* et des individus du genre *cynips*. Cette découverte me combla de joie : j'avais devant mes yeux les habitants eux-mêmes de ces noix de galle dont les petits chênes avaient tant à souffrir, microscopiques insectes, proches parents de la laborieuse abeille et de l'industrieuse fourmi !

Désireux de profiter de leur grand nombre pour

mieux les connaître, je pris à la main mon chapeau, et je le promenai légèrement au milieu de
l'innombrable armée des cynips. Ce que j'en recueillis de cette façon est incalculable. Les parois
et le fond du chapeau en étaient tapissés, et dans le
nombre il s'en trouvait de plusieurs espèces. J'y reconnus, en effet, le *cynips des baies de chêne*
(*Cynips quercus baccarum*), couvert d'une robe
brun clair, le *cynips des feuilles* (*C. quercus folii*), aux antennes et pattes poilues, et le *cynips
des pédoncules* (*C. quercus pedunculi*), aux ailes
marquées d'une croix.

Presque tous ces insectes avaient quitté depuis
peu le chêne natal, et préludaient à leur vie aérienne
par les caresses de l'amour.

Ces milliers de petits êtres, dont les plus grands
avaient à peine quatre millimètres de long, voltigeaient d'arbre en arbre et de fleur en fleur, se
nourrissant de pollen et travaillant à perpétuer leur
espèce. Malheureusement, cette vie charmante, que
les cynips passent tout entière à aimer, ne dure que
quelques jours, au bout desquels les mâles ne tar-
dent pas à mourir.

Les femelles, fécondées par eux, leur survivent
quelque temps encore pour accomplir le devoir que

la maternité leur impose, et, ce devoir accompli, elles succombent à leur tour.

Condamnées de la sorte à ne jamais connaître le fruit de leurs amours, elles doivent le confier à la nature, et celle-ci tient généreusement lieu de mère à ces pauvres orphelins.

Elle a cependant besoin pour cela d'un intermédiaire, et c'est le chêne qu'elle choisit pour être le père nourricier et le tuteur des enfants à venir; malheureusement, l'arbre est quelquefois si jeune, et la nature lui donne tant d'enfants à nourrir que, par une bizarre anomalie, le végétal est forcé de succomber pour sauver l'insecte.

C'est donc au chêne lui-même que la femelle du cynips doit confier ses œufs : la nature l'a pourvue dans ce but d'un instrument d'une délicatesse admirable, d'une tarière que l'insecte porte à l'extrémité de l'abdomen, comme une abeille son aiguillon.

Cette tarière, épaisse tout au plus comme un fil d'araignée, se partage en trois pièces dans le sens de sa longueur... La femelle du cynips enfonce ce merveilleux instrument dans le tissu végétal; les deux pièces latérales de la tarière l'incisent, la pièce moyenne conduit l'œuf dans la plaie, et l'ouvrage de la mère est ici terminé. La nature et le chêne feront le reste.

C'est sur la fin du printemps que les femelles des cynips pondent leurs œufs. La séve des arbres est alors abondante, féconde et parfaitement apte à remplir le but que la nature se propose. Elle afflue en grande quantité vers la blessure produite par l'insecte, et tout autour de l'œuf qui s'y trouve déposé, se fait alors un travail d'organisation aux dépens du chêne nourricier.

C'est ainsi que s'établissent les fondements de la maison qui doit renfermer le jeune cynips.

A mesure que l'œuf se développe, l'abri qui le protége grandit aussi ; puis un jour arrive où une larve microscopique sort de l'œuf et se trouve tout naturellement placée dans le magnifique berceau que la nature a fait naître avec elle.

Ce berceau sphérique et peu volumineux encore est une *galle*.

Il présente à son centre une petite chambre contenant la larve qui vient d'éclore, et celle-ci, qui désormais aura besoin de nourriture et d'air, se trouve claquemurée dans cette étroite cellule. Mais dès que la faim se fait sentir, le jeune cynips donne un coup de dent à la muraille qui l'emprisonne, et la muraille, ô prodige! cède facilement sous la dent qui l'entame, c'est une muraille de gâteau!.... Le prisonnier se met alors à dévorer sans relâche les murs de cette maison de cocagne, et sa mère adoptive répare au fur et à mesure, par l'entremise du chêne, les nombreuses brèches qu'il y fait.

Autour de la chambre centrale, occupée par l'insecte, s'en trouvent trois ou quatre autres plus grandes, contenant l'air nécessaire à sa respiration, et tout cet intérieur charmant est séparé du dehors par une enceinte fort épaisse. Cette dernière, recouverte à l'extérieur par une fine pellicule que la pluie ne peut pénétrer, est constituée par une infinité de petites paillettes imbibées d'un liquide d'une acidité extrême.

Ce liquide empêche les insectes ennemis du cynips de s'introduire jusqu'à lui en perforant la galle.

Au milieu de cette abondance et de cette profonde sécurité, la larve grandit sans cesse, et l'été se passe, puis l'automne arrive et la sève se tarit.

Un jour vient où le chêne manquant de sucs

nourriciers, les brèches faites à la muraille par le prisonnier ne se réparent plus... Mais, ô divine harmonie! ô sagesse admirable de la nature! le moment où la disette arrive coïncide justement avec l'époque où la larve s'endort pour se changer en *nymphe* et subir sa métamorphose. Tous ses besoins sont apaisés; elle restera tout l'hiver engourdie pour se réveiller au printemps avec des ailes!

Aujourd'hui, tout est tranquille dans le petit massif de chênes de la forêt de Saint-Germain. Les quinze malades sont, comme tous les ans, chargés de ces cruels parasites qui les épuisent et les font mourir. Les nymphes des cynips sont endormies dans leurs cellules. Chaque maison repose silencieuse sur la feuille ou le rameau qui la supporte : on n'entend pas le moindre bruit dans cette ville étrange suspendue au feuillage des chênes, au milieu des airs.

Dans chacune de ces demeures enchantées repose réellement, on peut le dire, une Belle au bois dormant. Le soleil d'avril sera le prince Charmant qui viendra les réveiller.

Dès que ses bienfaisants rayons se feront sentir, les cynips perceront facilement la muraille desséchée de leur prison et s'élanceront dans les airs, avides d'amour et de liberté.

Pendant quelques jours, ils voltigeront heureux au milieu des fleurs, puis ils subiront à leur tour la loi commune, après avoir, comme leurs ancêtres, confié leurs œufs aux chênes maternels.

Mais je crains bien que les pauvres arbres ne puissent remplir longtemps encore leur pénible rôle de pères nourriciers.

La tarière de l'atome donnera la mort au roi de la forêt.

Quelque intérêt que je porte à mes quinze malades, je ne dois cependant pas être injuste envers les cynips et négliger de parler de la grande utilité des noix de galle.

Les meilleures nous viennent de Syrie, de Smyrne ou de Morée.

On doit les recueillir avant la sortie de l'insecte.

Les galles sont composées en grande partie de tannin et d'acide gallique ; les chimistes s'en servent pour reconnaître la présence du fer dans leurs analyses, grâce au précipité noir que détermine la noix de galle dans une dissolution d'un sel de ce métal. C'est ainsi que se fabrique l'encre.

Les teinturiers et les chapeliers en retirent une teinture noire fort estimée.

Les photographes emploient de préférence à tout autre le bain révélateur à l'acide gallique ou pyro-gallique;

Et les médecins trouvent, enfin, dans la noix de galle le meilleur des astringents végétaux.

Ce produit étrange, funeste à l'arbre sur lequel il se développe en trop grande abondance, est un médicament utile à l'homme.

Qu'importe alors la perte de quelques chênes, si cela suffit à rendre à de pauvres malades la vie et la santé?...

XIX

UN JOUR D'AUTOMNE

AU BOIS DE VINCENNES

UN JOUR D'AUTOMNE AU BOIS DE VINCENNES

Je ne crois pas qu'il soit possible, quand on se promène dans la campagne vers la fin d'octobre, de se soustraire à une impression plus ou moins pénible de tristesse et de mélancolie. La vue des feuilles qui tombent fait songer involontairement à la belle saison qui les faisait épanouir, et l'on regrette à cette pensée les floraisons abondantes et joyeuses du printemps et de l'été. Tout ce qui était à cette époque feuille ou fleur, gaîté, chanson, devient en quelques instants débris, tristesse, silence.

Je considérais l'autre jour, entre Vincennes et

Fontenay-sous-Bois, les cruels effets d'une journée d'automne sur la végétation, et je réfléchissais aux moyens qu'emploie la nature pour défaire et détruire en octobre ce qu'elle enfante en avril.

Le vent et la pluie jouent un grand rôle dans cette œuvre de destruction, plutôt apparente que réelle, du reste, car la désorganisation n'est qu'un phénomène transitoire pendant lequel l'objet détruit ne fait que se transformer et changer d'état. « Dans la nature, disait Lavoisier, rien ne se crée, rien ne se perd. »

Le vent, qui sert pendant la floraison des plantes à transporter le pollen ou poussière fécondante des fleurs mâles sur les fleurs femelles, contribue, surtout en automne, à faire tomber les branches mortes, et aussi à répandre et à disséminer de tous côtés les fruits et les graines.

La pluie, à cette époque de l'année, amollit et prépare la terre que le vent est chargé d'ensemencer ; elle pénètre les feuilles et les branches tombées sur le sol, les corrompt, les désorganise et les transforme en un terrain fertile, au sein duquel les graines trouvent un abri pendant l'hiver et la nourriture la plus substantielle lorsque le temps de leur germination est venu.

C'est au soleil du printemps qu'a été confiée la

grande mission de donner la vie à ces plantes sans nombre qui font tous les ans la beauté de nos bois et la richesse de nos prairies.

A ses premiers rayons, toutes les graines enterrées à l'automne tressaillent dans leur tiède berceau.

Une douce humidité gonfle leur partie féculente et nutritive, que les botanistes appellent les *cotylédons*, et, de leurs enveloppes rompues s'échappent : en bas la *radicule*, en haut la *tigelle*, qu'accompagnent presque toujours les *feuilles séminales*.

Celles-ci, d'ailleurs, ne sont autre chose que les cotylédons eux-mêmes, qui, après avoir rempli leur rôle de nourrices, se transforment, sortent au dehors, verdissent à l'air et à la lumière et prennent ainsi l'apparence de feuilles épaisses et charnues.

La présence des cotylédons ou des feuilles séminales qui n'en sont que le développement, est très-importante ; c'est sur elle que repose la première division des plantes en trois embranchements : les *dicotylédones*, les *monocotylédones*, les *acotylédones*, suivant que leurs graines ont un cotylédon double ou simple, ou qu'elles n'en ont pas.

La radicule et la tigelle se développent rapidement. La première devient la *racine* et pompe dans le sol les sucs nutritifs destinés à remplacer les cotylédons épuisés; la seconde, en grandissant, forme la *tige*, qui déploie dans l'atmosphère ses branches et ses rameaux où naissent les *bourgeons*. Certains bourgeons, en s'épanouissant, deviennent les *feuilles*, qui sont à la plante ce que les poumons sont aux animaux, les organes de la respiration; d'autres forment les *fleurs*, constituées le plus souvent par deux enveloppes, l'une brillante et colorée, la *corolle*; l'autre, supportant la précédente et verte ordinairement, le *calice;* toutes deux entourant les organes essentiels de la reproduction, les *étamines* et les *pistils*.

C'est dans la fleur que s'opère le phénomène de la fécondation.

D'un petit corps globuleux nommé l'*anthère*, vacillant au sommet de l'étamine, tombe sur l'extrémité renflée du pistil ou *stigmate*, le *pollen*, poussière impalpable dont chaque grain contient encore des milliers de corpuscules microscopiques appelés la *fovilla*. Ceux-ci descendent le long d'un canal creusé dans le pistil jusqu'à l'*ovaire*, qui plus tard sera le *fruit*, et c'est dans ce dernier organe qu'ils fécondent mystérieusement de petits corps nommés alors les *ovules* (petits œufs), mais qu'on appelle *graines* après cette fécondation.

Cette description rapide de la naissance et de la

vie d'une plante qui semble nous avoir fort éloi-
gnés de notre excursion automnale à Vincennes,
nous y ramène cependant, cher lecteur, car après
avoir parlé des amours de la fleur, il ne reste plus
guère, pour terminer son histoire, qu'à dire comment elle se fane et se flétrit. Nous voici donc revenus au point de départ, je puis reprendre ma promenade.

Le vent, qui faisait tourbillonner les feuilles
au-dessus de ma tête, remplissait en même temps
ses fonctions de semeur, et je pus saisir au vol
toute une collection de graines voyageuses qui allaient reproduire au loin la plante maternelle.

Que de merveilles dans ces petits corps secs et
pierreux qui volent au gré du vent cherchant une
patrie !.... Sous une frêle enveloppe, ces atomes portent un végétal tout entier, quelquefois énorme, et
avec lui une nourriture des mieux appropriées à ses
premiers besoins.

Lorsque la nature veut que ce végétal soit dispersé de tous côtés, elle attache à la graine dont il
doit renaître, des ailes, des aigrettes ou tout autre
appareil d'aérostation d'une structure admirable.

Les semences de la plupart des composées, telles

que le pissenlit, la laitue, le salsifis, les chardons
ont des poils soyeux, lisses ou ramifiés, et disposés
en pinceaux, en roues, en étoiles, en parachutes ;
celles des érables, des frênes, des ormes, des bouleaux ont des membranes raides et tendres qui les
soutiennent et les dirigent ; d'autres ont des prolongements contournés en vrille, en spirale, en hélice..... Le secret de la locomotion aérienne est
peut-être enfermé dans le fruit d'une humble plante
que nous foulons aux pieds tous les jours !...

Les graines aéronautes sont quelquefois transpor-
tées à des distances considérables. Il est vrai pourtant que la voie aérienne n'est pas toujours la seule
qu'elles suivent dans tous leurs voyages.

Après avoir été longtemps poussées par le vent, il
arrive que les graines tombent dans un cours d'eau
qui les entraîne et les dépose au loin sur ses rives,
ou bien, et ce dernier cas leur est commun avec
toutes les graines, elles peuvent être avalées par un
oiseau de passage qui les emporte dans son estomac
et ne les rend que dans un pays souvent très-éloi-
gné. Il n'est pas rare que l'homme lui-même, des
animaux, des marchandises, des vaisseaux, etc.,
servent aussi de moyens de transport aux graines
qui s'attachent à eux.

Beaucoup de plantes, communes aujourd'hui

dans nos climats, y sont arrivées autrefois de cette façon, telles sont les bluets, les coquelicots, les chrysanthèmes, originaires de l'Asie, et c'est depuis peu de temps, relativement à ces dernières, qu'une plante américaine, l'*Erigeron du Canada* (*Erigeron Canadensis*), voisine du séneçondes oiseaux, fleurit abondamment aujourd'hui dans les endroits sablonneux de toute la France.

Après avoir recueilli un bon nombre de ces intéressantes voyageuses que je m'amusais à faire repartir en les poussant de toute la force de mon souffle, j'atteignis bientôt la lisière du bois de Vincennes, du côté de la ferme Impériale.

J'y rencontrai une petite mare cachée au milieu des broussailles, à demi-couverte de lentilles d'eau (*Lemna gibba*), et dans laquelle nageaient plusieurs de ces reptiles inoffensifs appelés des *tritons* (*Triton punctatus*), ou plus communément des *salamandres aquatiques*.

Je regardai quelque temps ces intéressants petits êtres que le froid emprisonne fréquemment au milieu des glaçons, et qui, sans perdre la vie, dorment souvent une grande partie de l'hiver, raides et cristallisés dans la glace, comme un fruit confit dans une enveloppe de sucre candi.

La force vitale et régénératrice atteint chez eux toute sa puissance : peu leur importe de perdre la queue, l'œil, ou la patte, la nature leur fait repousser en quelques jours l'organe qu'ils ont perdu !...

A quelque distance de la mare aux tritons, sur un terrain spongieux où l'herbe était encore verte, je recueillis quelques plantes dont la floraison tardive est malheureusement le triste présage de l'hiver. L'une d'elles, fort semblable à une renoncule blanche, était la *parnassie des marais* (*Parnassia palustris*), une des élégantes de la flore française. Çà et là, parmi les épaisses touffes de ces longues mousses blanchâtres qui se trouvent dans toutes les prairies humides et qu'on nomme des *sphaignes* (*Sphagnum*), je récoltai quelques pieds du *rossolis à feuilles rondes* (*Drosera rotundifolia*), voisin de la parnassie dans la famille des droséracées.

Le nom de rossolis, qui veut dire *rosée du soleil*, a été donné au drosera, parce que les feuilles de cette plante portent à leur circonférence de longs cils divergents, à l'extrémité desquels perle constamment une goutte d'un liquide visqueux, mais transparent comme le cristal.

Cette forme bizarre, et cette sécrétion étrange, qui fait autour de chaque feuille une sorte d'auréole argentée, ont aussi valu au rossolis le nom *d'herbe du Saint-Sacrement.* Le drosera se trouve en général dans les pâturages et les bois marécageux, tels que ceux de Clamart et de Meudon, où il abonde, et n'est pas, dit-on, sans danger pour les animaux qui s'en nourrissent.

Dans les prairies dépendant de la ferme Impériale, croissait le *colchique d'automne (Colchicum autumnale),* fleur des plus gracieuses, en forme d'entonnoir allongé, d'un beau rose-lilas, et connue en certains pays sous les noms de *veilleuse* et de *veillote,* parce qu'elle fleurit à l'époque où commencent les veillées d'hiver.

Le colchique, dont le bulbe est avantageusement employé en médecine pour combattre le rhumatisme articulaire, n'est pas une plante exclusivement automnale. Sa fleur seule éclot à la saison des fruits; ses feuilles, entourant une grosse capsule où sont enfermées les graines, ne se montrent qu'au printemps, sous la forme d'une touffe épaisse assez semblable à celle du lis blanc.

On croirait vraiment que la nature épuisée, manquant de forces à l'automne pour créer une plante tout entière, laisse son œuvre inachevée et remet au printemps qui suivra le soin de le terminer. Nous devons donc regarder le colchique comme un symbole d'espérance, car il ne semble se montrer à la fin des beaux jours que pour nous promettre qu'ils reviendront après les mois de calme et de sommeil qu'aura goûtés la nature.

Cette fleur est un lien secret, une harmonie entre avril et novembre; le premier faisant mûrir les fruits de ses fleurs par le soleil de l'automne, le second fait mûrir le fruit de ses colchiques par le soleil du printemps.

L'étude de cette plante terminée, je m'assis sur la mousse, dans un endroit abrité, pour passer en revue plusieurs champignons que j'avais ramassés dans les bois. Je me trouvai possesseur de trois *agarics champêtres* (*Agaricus campestris*), espèce cultivée sous le nom de *champignon de couche*; d'une *clavaire coralloïde* (*Clavaria coralloïdes*), ou *barbe de bouc*, dont les touffes jaunâtres, ramifiées comme le corail, ont assez l'aspect d'un chou-fleur; d'un gros *bolet comestible* (*Boletus edulis*), le *ceps*, justement apprécié des méridionaux, mais que les Parisiens dédaignent; enfin d'une *chanterelle* ou *gyrole* (*Cantharellus cibarius*), d'un jaune d'or magnifique et d'une remarquable fraîcheur.

Moins heureux que cet amateur de champignons qui vient d'envoyer tout récemment à la Société d'acclimatation trois ou quatre truffes trouvées dans la forêt de Rambouillet, je n'avais pas eu le bonheur de déterrer le plus petit de ces précieux cryptogames.

Dans le bois de Vincennes, cependant, prospère, dit-on, la *truffe comestible* (*Tuber cibarium*), ou plutôt une de ses variétés un peu blanchâtre ; mais comme je manquais de l'intelligent quadrupède indispensable pour me mettre à sa recherche, je me contentai facilement de mes champignons, et me mis à réfléchir sagement aux diverses sauces qui pouvaient bien leur être applicables.

Quel mets excellent que de bons champignons bien préparés !...... Malheureusement, il faut sans cesse se méfier de ces difformes enfants de l'automne.

Tous les ans, à cette époque, les journaux signalent les trop nombreux accidents causés par ces cryptogames empoisonneurs ; et ce sont presque toujours des personnes qui prétendaient connaître les champignons qui en sont les victimes. Cela vient en grande partie de ce que les caractères que l'on donne communément pour distinguer les champignons comestibles des vénéneux, sont incertains et fort variables.

Pour que l'erreur ne fût pas possible, il faudrait que les personnes qui recherchent les champignons les connussent scientifiquement, c'est-à-dire quelles pussent les différencier les uns des autres par leurs caractères de genre et d'espèce, les seuls vraiment précis et immuables. Mais quelle étude longue et difficile pour arriver à cette connaissance ! Vous en jugerez, cher lecteur, et vous comprendrez en même temps les dangers que courent les amateurs inexpérimentés de champignons, quand vous saurez qu'aux environs de Paris seulement, il en croît plus de six cents espèces, parmi lesquelles une vingtaine seulement peuvent être mangées en toute confiance. De plus, les ouvrages spéciaux illustrés, les seuls capables de vulgariser la science, ont le tort immense de coûter fort cher.

Pour ne pas être injuste, je dois vous citer, cependant, l'*Histoire des champignons comestibles et vénéneux*, du docteur Roques, où vous trouverez à la fois d'excellents préceptes scientifiques, médicaux et culinaires, ainsi qu'une liste de tous les grands *mycophages* ou *mangeurs de champignons*, depuis Hippocrate jusqu'au docteur Véron.

En terminant, je ne puis mieux faire que de vous indiquer, d'après plusieurs médecins, quels seraient les premiers secours à administrer dans le cas d'un empoisonnement par les champignons vénéneux :

1° Provoquer les vomissements par la titillation de la luette ;

2° Si ce moyen ne réussit pas, administrer 1 ou 2 grammes d'ipécacuanha, ou 15 centigrammes d'émétique en deux ou trois verres d'eau tiède, pris de dix minutes en dix minutes;

3° Après le vomissement, purgatif doux (50 grammes d'huile de ricin), lavements, fomentations vinaigrées sur le ventre ;

4° Potions éthérées, infusion de café après l'expulsion du poison.

Mais, cher lecteur, voulez-vous avoir véritablement la paix avec votre conscience et votre estomac ? Ne faites jamais usage d'un champignon dont vous ne connaissez pas parfaitement toutes les qualités et tous les caractères, et rappelez-vous sans cesse cette maxime, qui semble avoir été faite pour les amateurs de champignons : *Dans le doute, abstiens-toi.*

XX

UNE SERÉNADE

ENTRE DEUX TISONS

XX

UNE SÉRÉNADE ENTRE DEUX TISONS

Dans une de mes dernières excursions, après avoir visité la jolie petite vallée qu'arrose la rivière d'Yerres, me trouvant trop fatigué pour retourner à Paris, je me rendis à Brie-Comte-Robert pour y passer la nuit.

L'aubergiste auquel je m'adressai avait juste assez de *fricot* pour ne pas me laisser mourir de faim; mais il m'offrit un gîte convenable, alluma du feu dans ma chambre, et, pour me faire oublier la maigreur du dîner et la tristesse de ma solitude, il eut la bonne idée de m'apporter le *Petit-Journal* en guise de dessert. Le brave homme ne pouvait assu-

rément m'être plus agréable; en recevant de ses
mains la feuille toute fraîche encore, je ne pus cacher un sourire, et je ressentis toute la joie que l'on
éprouve à l'arrivée d'un ami.

Je m'installai dans une large chaise devant le feu,
et comme j'allais commencer ma lecture, un petit
grillon, caché derrière l'âtre, se mit à fredonner de
joyeux *cri-cri*.

Pendant qu'il continuait sa chanson, je lus l'article de notre cher Timothée, la chronique d'Hérald, le feuilleton scientifique d'Hément, et quand,
à mon grand regret, je fus arrivé à la fin de la dernière ligne, je me mis à la recherche de l'humble
poète qui chantait toujours dans le foyer.

Pour l'apercevoir facilement, je pris à la main un
copeau de bois allumé et je le promenai du côté de
la cheminée, d'où partaient les notes criardes du
virtuose ailé. Malheureusement, cette vive lumière
intimida le modeste chanteur; il cessa de se faire
entendre, et je le vis se réfugier précipitamment
sous une brique disjointe à l'angle du mur.

Je ne cherchai pas à le troubler dans sa retraite,
et, jetant au feu le copeau embrasé, je me mis à
songer au mécanisme bizarre au moyen duquel les
grillons et beaucoup d'autres insectes, d'ailleurs,
exécutent cette stridulation bruyante qui porte im-

proprement le nom de *chant*. Pour aider mes souvenirs, je traçai au crayon une figure sur la marge de mon journal, et bientôt les savantes recherches de M. Goureau sur ce sujet, me revinrent à la mémoire.

Le cri strident produit par les grillons n'est pas, comme on pourrait le croire, la voix de l'insecte, car ces petits animaux sont tout à fait dépourvus d'appareil vocal. Il consiste essentiellement dans le frottement vif et rapide de deux surfaces dures et sèches, telles que celles qui se trouvent à la partie interne des ailes cornées que l'on nomme élytres.

Chez les grillons, les élytres présentent en dessous une grosse nervure transversale, saillante, plus épaisse à son milieu qu'à ses extrémités, et striée en travers comme une lime. Cette nervure constitue l'*archet*. Au dessus du point où elle commence, sur le bord intérieur de l'élytre, se trouve un petit espace triangulaire et transparent, que M. Goureau a nommé la *chanterelle*.

Quand l'insecte veut se servir de cet instrument, il croise ses ailes, l'archet de l'une frotte sur la chanterelle de l'autre, et les stries dont cet archet est sillonné déterminent dans les deux élytres une série très rapide de vibrations sonores.

L'insecte peut augmenter ou diminuer à volonté

la force et l'acuité de la stridulation; il lui suffit pour cela de frotter sur la chanterelle avec plus ou moins de rapidité.

Quand il veut appeler sa femelle, il produit la stridulation vive et bruyante que l'on entend ordinairement, mais sa chanson devient douce et attendrissante aussitôt qu'il veut exprimer sa joie ou son contentement.

Cependant, tout en me livrant à ces réflexions, j'avais mis une bûche au feu, et mon petit poète, guéri de sa frayeur, s'était remis à chanter de plus belle.

Tout à coup, en tournant mes regards vers le foyer, je vis un terrible spectacle. La bûche que je venais de jeter dans la cheminée présentait une large fissure que je n'avais pas aperçue tout d'abord, et par cette fente, d'où sortaient une épaisse fumée et des langues de feu, venait de s'échapper un autre petit grillon en proie à la plus vive terreur. Le malheureux, environné de tous côtés par un cercle de flammes, fuyait devant l'incendie qui dévorait l'asile où il s'était réfugié. Il courait d'un bout de la bûche à l'autre, chancelant, ébloui, sans trouver une issue qui lui permît de traverser cette muraille ardente qui le cernait de toutes parts et s'avançait vers lui...

Déjà l'écorce dilatée par la chaleur du foyer craquait et se fendillait sous ses pas; des flammes bleuâtres jaillissaient de la crevasse ouverte dans les flancs de la bûche comme par un soupirail de l'enfer; j'entendais frémir et pleurer le bois sur son lit de braise. A la vue du danger qui menaçait le pauvre insecte, je saisis rapidement la pelle et les pincettes et je me mis à démolir l'échafaudage des tisons pour l'arracher à l'horrible mort qui l'entourait.

Soudain, je le vis s'arrêter, relever la tête, agiter ses antennes, puis demeurer immobile un instant comme s'il écoutait. Je compris bientôt qu'il avait entendu le cri-cri de l'autre grillon, et je ne fus pas médiocrement étonné de le voir tout à coup se précipiter du côté d'où venait ce bruit.

Au même instant, je posai la pelle sur la flamme et je la glissai jusqu'à lui. Il s'élança sur ce pont de sauvetage, traversa rapidement la pelle, grimpa le long du manche et sauta promptement à terre aussitôt qu'il se sentit hors du foyer.

Pendant quelques instants, il s'arrêta à une certaine distance des chenets pour se remettre de son effroi et faire un bout de toilette. Il nettoya, à l'aide de ses mandibules, ses antennes quelque peu roussies, secoua ses ailes et brossa avec ses pattes

postérieures les appendices velus attachés à l'extrémité de son abdomen. Il tira enfin trois ou quatre
notes aiguës de son appareil musical en signe d'allégresse, et sans doute aussi pour voir s'il n'était
point faussé par la chaleur; après quoi, leste et
joyeux, il se dirigea vers la brique rougeâtre sous
laquelle son insouciant confrère chantait toujours.

Cependant, la présence de deux grillons mâles
dans la cheminée me fit prévoir des scènes fâcheuses, car je craignais qu'il ne se trouvât derrière l'âtre
qu'une seule femelle, et je savais que, de tous les
insectes, les grillons sont les plus ardents et les
plus jaloux.

Je me souvenais que des grillons mâles, placés
dans une boîte avec une femelle, s'étaient battus
jusqu'à la mort, et que le vainqueur et la belle
avaient fait de somptueuses noces en dévorant les
vaincus.

J'avais donc lieu de croire que, d'un instant à
l'autre, une rivalité funeste pouvait éclater entre
les deux insectes, et qu'un drame terrible allait se
dérouler, à la lueur sinistre des tisons embrasés,
sur les cendres chaudes de ce foyer paisible!...

Je ne tardai pas à m'apercevoir que mes craintes
n'étaient que trop fondées. En effet, peu de temps
après que le grillon sauvé des flammes eût pénétré

dans la demeure de son confrère, ce dernier en sortit brusquement et vint se placer entre le chenet et la paroi de la cheminée dans l'ombre épaisse que jetait en cet endroit un charbon éteint. Là, il creusa un petit trou dans la cendre en grattant avec ses pattes antérieures, releva fièrement son abdomen, croisa ses élytres et, ajustant l'archet sur la chanterelle, râcla sur son instrument le cri-cri le plus agaçant que j'aie jamais entendu.

Mais voici qu'au bruit de cette musique délirante, le deuxième grillon, reconnaissable à sa taille plus petite, à ses couleurs moins foncées et à ses antennes roussies, sortit à son tour de dessous la brique, et joyeux, coquet, pimpant, vint s'installer en sautillant auprès de son compagnon qui continuait à faire vibrer son instrument de toutes ses forces.

Ce dernier, en voyant approcher le nouveau venu, me parut extrêmement vexé. Il fit un mouvement d'antennes et jeta un certain regard de côté qui m'aurait vivement impressionné, si j'eusse été à la place de l'autre grillon; mais celui-ci, qui en avait vu bien d'autres, ne parut nullement déconcerté. Il creusa crânement son petit trou, se plaça dans la même position que son voisin, et, pour prouver qu'il n'avait pas peur, il tira de sa guitare un son des plus aigus.

Le voisin, furieux, riposta par une note qui me semblait exprimer le comble de l'exaspération, mais qui ne fit pas sourciller son rival.

Les deux virtuoses continuèrent chacun leur chanson, et, tout à coup, une flamme vive et claire, s'allumant à l'extrémité d'une bûche, inonda de clarté l'angle de la cheminée.

Je vis alors apparaître entre deux pierres, à quelques pouces de hauteur, une petite tête ronde qui regardait fixement du côté des musiciens, et dont les antennes s'agitaient avec une certaine volupté.

C'était un grillon du sexe féminin, la beauté que chantaient les deux rivaux, et pour laquelle ils étaient prêts à se battre si l'un d'eux ne se retirait pas.

Nonchalamment assise sur la pierre enfumée comme une Andalouse à son balcon, la belle écoutait avec bonheur la sérénade que lui donnaient ses deux galants et les encourageait de ses regards.

Ceux-ci, surexcités par sa présence, ne cessaient de frotter avec frénésie leurs élytres frémissantes, et

continuaient à se faire des menaces qui ne nui-
saient pas peu à l'harmonie de leur concert.

Leurs poses comiques, leurs gestes étranges et le
grincement perpétuel de leurs instruments de musique les faisaient ressembler tout à fait à Patachon
et à Giraffier, des *Deux Aveugles*, chantant leur
fameux boléro :

> La lune brille,
> Le ciel scintille,
> Viens, ma gentille,
> Suis ton Pédro.
> A ta fenêtre,
> Daigne paraître,
> . . . .
> Viens, il fait beau, beau, beau, beau !...

Quoi qu'il en soit, la belle, attendrie par cette
bruyante sérénade, descendit doucement de brique
en brique jusqu'au niveau du brasier, et s'avança
lentement vers les deux virtuoses.

Lorsqu'elle fut tout près d'eux, ils interrompirent
tout à coup leur chanson et se regardèrent en face.
Le plus gros des deux grillons fit entendre alors une
note plaintive, et la femelle vint se placer à ses côtés. L'autre, que la taille formidable et les grands
yeux de son adversaire n'intimidèrent point, se pré-

cipita sur lui avec une rage extraordinaire, et la lutte commença.

Les deux rivaux se saisirent l'un l'autre, et combattirent avec un épouvantable acharnement. A chaque instant, ils roulaient et se tordaient dans les cendres, sous les yeux de celle qu'ils se disputaient, et qui suivait avec la plus grande anxiété toutes les péripéties de la lutte.

Le feu, qui commençait à s'éteindre, répandait sur cette scène terrible une rouge lueur. Le brasier s'assombrissait, et çà et là quelques charbons se couvraient déjà d'une peluche blanche. Seul, un jet de flamme bleuâtre et mêlée de fumée, tremblotant sur un débris de tison, jetait sur les deux champions la sinistre clarté d'une lampe funèbre.

Le combat se prolongeant de plus en plus, je m'aperçus bientôt que le petit grillon que j'avais arraché aux flammes allait être inévitablement égorgé par son antagoniste, et je résolus de lui sauver encore une fois la vie.

Je pris donc de nouveau la pelle qui m'avait été une première fois si utile, je l'enfonçai dans les cendres, et, la soulevant horizontalement, en prenant le manche à deux mains, j'emportai à la fois le champ de bataille, les combattants et le témoin de la lutte.

Cette manœuvre s'accomplit si promptement, et les deux adversaires étaient si acharnés l'un contre l'autre, qu'ils ne s'aperçurent point de ce qui leur arrivait. Il me fallut les séparer avec la pointe de mon crayon pour leur faire lâcher prise, après quoi je saisis mon protégé, qui me mordit pour me récompenser, et j'allai le porter dans la huche au bois dont il était sorti.

Les deux autres furent remis dans la cheminée, et je pus assister à la curieuse cérémonie qui précéda leur mariage. Le mâle recommença son bruyant cricri, tourna deux ou trois fois autour de sa femelle, s'approcha d'elle, la toucha du bout de ses antennes, et se mit à marcher à petits pas du côté de la brique sous laquelle était bâtie sa retraite.

La femelle charmée le suivit ; mais avant de l'introduire dans sa demeure, son époux lui fit faire une petite promenade sur le sol de la cheminée, la précédant toujours en chantant, et revenant vers elle à reculons quand il s'en était trop éloigné.

Au bout d'une ou deux minutes, enfin, il se glissa dans la maison nuptiale ; son épouse y pénétra après lui, et je ne vis plus rien. Le cricri du mâle cessa pourtant pendant quelques secondes pour recommencer bientôt sur un ton langoureux et tendre...

Après le chant d'appel et la sérénade, c'était l'épithalame : le mariage était consommé.

Je me levai alors pour me mettre dans mon lit, très satisfait du spectacle auquel je venais d'assister, et faisant en moi-même, sur les mœurs des grillons, mille réflexions singulières.

Je me disais que leurs habitudes, leurs instincts, leurs sentiments n'étaient pas sans analogie avec ceux des hommes, et, poursuivant ce raisonnement, sans me demander si je pensais juste ou si je n'avais pas l'esprit un peu troublé par le sommeil, j'en arrivai à conclure, au moment où je soufflai ma bougie pour m'endormir, qu'en définitive, les petits animaux à six pattes ne sont pas plus bêtes que nous.

XXI

HISTOIRE D'UNE FEUILLE

DU BOIS DE MEUDON

<h1 style="text-align:center">XXI</h1>

HISTOIRE D'UNE FEUILLE DU BOIS DE MEUDON.

Je suis allé, il y a deux jours, explorer encore
une fois les massifs et les clairières du bois de Meudon, où les promeneurs trouvent de si doux asiles
et les naturalistes tant d'objets curieux durant la
belle saison.

Malheureusement, à la fin d'octobre, la campagne
dépouillée n'étale plus ses merveilleuses richesses,
et le soleil, qui donne la vigueur et la joie à tout ce
qui respire, ne jette plus sur la terre épuisée que de
pâles rayons. Aussi, ai-je vainement battu les buissons et les bruyères, parcouru les sentiers couverts
et les longues allées de la forêt, je n'ai trouvé que

quelques scabieuses à demi-fanées qui se penchaient tristement sur leur tige, et

> Pas un seul petit morceau
> De mouche ou de vermisseau...

Les pauvres insectes n'ont pas survécu à la mort des jolies petites fleurs qui les nourrissaient de leur nectar et les abritaient au fond de leurs corolles ; les papillons sont morts avec les marguerites, les cétoines ont passé avec les roses, les abeilles ont disparu avec les sauges et les bluets.

Voyant que mes recherches étaient infructueuses, je quittai les hauteurs de la forêt sur lesquelles je m'étais tenu depuis le commencement de ma promenade, et je descendis dans le Val-Fleury pour me mettre à l'abri du vent.

Je traversai le bois en diagonale, ayant à ma gauche le parc réservé du château de Meudon, à ma droite, l'ermitage de Villebon et le carrefour du Tronchet, et je me trouvai, après quelques minutes de marche, sur les bords verdoyants de l'étang de Trivaux.

Je m'assis au pied d'un châtaigner, sur une grosse pierre envahie par les lichens et les mousses, et je regardai les arbres de la rive, le lavoir où babillaient de gentilles blanchisseuses, et les zones couleur d'ocre de la sablonnière voisine se refléter dans le miroir de l'étang.

Quand j'eus contemplé quelque temps ce charmant paysage, je cherchai des yeux un vieux coudrier qui devait se trouver près de l'endroit où j'étais assis, et dans lequel j'avais découvert, au printemps, un nid de merles. Je l'aperçus bientôt ; mais ses branches, dégarnies par le vent d'automne, étaient si nues, que j'eus d'abord quelque peine à le reconnaître.

Trois ou quatre feuilles jaunies se montraient cependant encore à l'extrémité d'un de ses rameaux ; une d'elles, ébréchée par la dent des chenilles, tremblait sur son pétiole desséché, et j'eus l'idée, voyant que j'allais assister à sa mort, de vous raconter, cher lecteur, l'histoire de sa vie.

Au commencement d'avril, la branche de coudrier sur laquelle devait s'épanouir plus tard notre petite feuille portait, de distance en distance, de longs chatons de fleurs verdâtres qui répandaient dans l'atmosphère leur pollen fécondant.

Ce pollen tombait en grande partie sur d'autres fleurs qui s'appuyaient isolément contre la tige, et n'étaient autre chose que les femelles des fleurs des chatons.

On ne voyait pas encore une seule feuille sur la

branche; mais, çà et là, de petits boutons alternativement placés de chaque côté de la tige s'entrouvraient doucement sous l'action des chaudes brises du printemps. Ces boutons étaient des bourgeons, et l'un d'eux, en s'épanouissant, devenait petit à petit la feuille même dont j'ai entrepris de vous dire l'histoire.

Au bout de trois ou quatre jours, cette petite feuille, à peu près complétement dégagée de l'enveloppe écailleuse qui la protégeait, avait déjà la forme et tous les caractères qu'elle devait posséder plus tard.

En grandissant, elle se déplissait de plus en plus, s'étalait, se débarrassait du fin duvet qui la couvrait dans son berceau, et prenait tous les jours plus de force et de consistance.

Elle se composait alors, aussi bien qu'à la fin de sa croissance, d'une couche de tissu cellulaire ou *parenchyme* ayant l'aspect d'une pulpe verdâtre, et compris entre deux lames d'*épiderme* extrêmement minces. Dans le parenchyme s'étendaient, en divers sens, une foule de *fibres* groupées en faisceaux de grosseur variable, assez résistants d'ailleurs pour servir de squelette à la feuille, et constituant ces côtes dures et saillantes que l'on nomme *nervures*.

Dans les petits espaces limités par ces nervures, les innombrables cellules du parenchyme étaient remplies des granules verts de la substance colorante des feuilles, qu'on nomme *chlorophylle*, et, sur l'épiderme, s'ouvraient les petites bouches ou *stomates*, qui servent à la respiration du végétal.

Notre feuille, organisée de la sorte, grandit rapidement et cessa bientôt de s'étendre en longueur et en largeur pour devenir plus ferme et plus épaisse. Vers le milieu d'avril, sa croissance était à peu près terminée, mais sa couleur était encore tendre et délicate. Elle avait atteint cependant les limites de l'adolescence, et il ne lui manquait plus qu'un peu de carbone et quelques rayons de soleil pour être une feuille accomplie.

Les tièdes ondées des derniers jours du mois achevèrent son entier développement ; mais, avec sa jeunesse, la pauvre feuille perdit la fraîcheur et la gaîté dont elle avait joui jusqu'alors.

De méchants enfants démolirent le joyeux nid de merles qu'elle abritait sous son vert tissu, et faillirent couper la branche qui lui transmettait la nourriture puisée par les racines dans le sol.

Bientôt, de hideuses chenilles envahirent le coudrier, et presque toutes les feuilles ses voisines furent impitoyablement dévorées. Elle-même, entamée déjà, ne dut son salut qu'à un violent orage qui débarrassa l'arbuste de ses voraces ennemis.

Mais comme son libérateur lui fit payer cher le service qu'il lui rendait!... Tourmentée par le vent et la pluie, la pauvre feuille se tordit sur son pétiole, et resta deux jours triste, affaissée, ne respirant plus, prête à mourir.

Ce ne fut pas tout.

A peine avait-elle échappé à ces premières souffrances, que les maladies se jetèrent sur elle.

Un petit cryptogame du genre *erineum*, un cousin du terrible *oïdium* de la vigne, la couvrit de ses filaments et l'inonda de ses spores; puis, vinrent une foule de vers microscopiques qui se glissèrent sous son épiderme, et, protégés par lui, se mirent à ronger les cellules du parenchyme. A la fin de l'été, la pauvre feuille était percée comme un crible; cependant, les larves établies dans son intérieur cessèrent de la dévorer, se métamorphosèrent, et sortirent de nouveau à travers l'épiderme, sous la forme de petits papillons nocturnes du genre *gracillaire*.

Enfin, l'automne arriva; les nuits froides et la pluie glacée achevèrent de flétrir la malheureuse

feuille. Sa sève ne coula plus dans ses vaisseaux
oblitérés ou rompus ; sa belle couleur verte disparut
pour faire place à la teinte jaune qui caractérise la
mort.

Elle en était là de son existence, quand je l'examinais l'autre jour à Meudon. Au moment où je me
levais pour m'en aller, un coup de vent secoua violemment les arbres de la forêt, et fit tomber cette
pauvre feuille...

Décembre décomposera et réduira en terreau le
frêle tissu formé par Avril, et les principes nutritifs
qu'il contenait seront absorbés, au printemps prochain, par les scilles d'azur et les anémones blanches qui croissent au pied du coudrier...

XXII

SOUS TERRE

XXII

SOUS TERRE.

J'ai fait dernièrement la connaissance d'un brave homme qui possède à Bagneux un petit champ d'une fertilité vraiment remarquable.

Tous les étés, il y récolte de magnifiques moissons; tous les hivers, il extrait de son sein d'énormes blocs de pierre à bâtir.

Avec les quartiers de roche qui, depuis dix ans seulement, ont été tirés de ce coin de terre, on reconstruirait la tour de Babel ou les Pyramides ; depuis dix ans, cependant, le petit champ est toujours resté le même, et son propriétaire n'a pas perdu un seul pouce de ce terrain si généreux, qui lui donne à la fois de solides moellons et de superbes épis.

Ces deux sources de richesses sont indépendantes l'une de l'autre ; une épaisse couche de terre végétale nourrit la moisson, et c'est une gigantesque machine, le *treuil des carriers*, qui retire d'un sombre puits, ouvert comme un gouffre au milieu du champ, les lourdes masses de pierre à plâtre et de calcaire coquillier.

L'autre jour, étant à Bagneux, je demandai à mon ami de me faire visiter ce puits intarissable et ses corridors souterrains.

— Avec plaisir, me répondit-il : vous vous embarquerez dans le panier aux moellons, et le treuil vous descendra si doucement, que vous ne vous en apercevrez pas... Mais, dites-moi, continua-t-il après un silence et tout en préparant la petite lanterne nécessaire à mon expédition, vous pensez donc voir quelque chose de bien curieux dans ce trou noir comme la suie ?

— Assurément, répondis-je à mon tour ; j'y verrai les nombreuses couches de pierre qu'il vous a fallu traverser avant d'arriver au fond.

— Ah ! fit le brave homme en riant, si vous vous contentez de si peu, vous aurez évidemment un beau spectacle. Le puits a quatre-vingt-dix mètres de profondeur ; ainsi, jugez ! Vous verrez du sable, de la glaise, du plâtre, de la roche en quantité, avec des coquilles dedans par ci, par là, mais voilà tout !

— Eh bien ! repris-je, n'est-ce pas très-curieux de voir, au milieu des pierres les plus dures, une foule de coquillages qui ne vivent que dans l'eau ?

— Oui, certainement, dit mon ami, et c'est là précisément une chose que je n'ai jamais bien comprise. Les uns disent que ces coquillages ont été déposés ici par la mer, d'autres par le déluge... Vous devriez bien me dire un peu, en nous en allant, ce qu'il y a de vrai dans tous ces contes...

— Je ne demande pas mieux, mon cher ami, et puisque nos préparatifs sont terminés, partons.

— Il y a bien longtemps, bien longtemps de cela, dis-je à mon compagnon, — l'homme n'avait pas encore paru sur la terre, — aucun des pays du globe n'avait la forme qu'on lui connaît aujourd'hui. Où nous voyons des montagnes il pouvait y avoir des plaines ; où nous trouvons des rochers, il pouvait y avoir de l'eau.

Les océans et les mers étaient surtout bien plus étendus que de nos jours.

En ce temps-là aussi, la terre était sujette à des convulsions terribles, à des secousses épouvantables qui produisaient des soulèvements en quelques points de sa surface, et faisaient sur d'autres points sortir une mer de son lit.

Quand une de ces catastrophes avait lieu, l'aspect d'une grande partie du globe changeait tout à coup : les eaux déplacées se creusaient un lit nouveau, laissant sur celui qu'elles abandonnaient des *dépôts* plus ou moins considérables, et dans ces dépôts, qui devenaient terre ferme en se solidifiant, se trouvaient ensevelis un grand nombre de coquillages et d'autres animaux marins.

Les épaisses couches de sable, de pierre et d'argile traversées par votre puits ne sont autre chose que les dépôts d'une grande mer ; et les coquilles, les ossements, les feuilles moulées, tous les *fossiles* enfin, comme les nomment les savants, que ces couches renferment, sont les débris des êtres innombrables qui vivaient dans ses eaux.

— Ma foi, fit mon ami, cela pourrait bien être!...
Et sait-on à peu près jusqu'où s'étendait cette mer
immense dont vous me parlez?...

— Quoique les géologues, repris-je, lui aient
donné le nom de *Mer Parisienne*, parce que c'est
dans nos environs que ses dépôts, dont l'ensemble
constitue le *terrain parisien*, sont le mieux carac-
térisés, il est évident que cette mer s'étendait beaucoup plus loin que son nom scientifique ne semble
l'indiquer.

On a retrouvé ses traces jusque dans la Belgique
et le sud de l'Angleterre, et l'on est très-certain
qu'elle formait sur les côtes d'un pays qui, des milliers d'années plus tard, devait être la France, deux
golfes très-importants. Le plus petit, moins intéressant pour nous, s'avançait entre les deux points
occupés aujourd'hui par Dax et Bordeaux ; l'autre,
plus vaste et mieux connu, remplissait tout l'espace
triangulaire compris actuellement entre Bruxelles,
Orléans et Cherbourg.

Au milieu de ce dernier golfe, dans lequel se
jetaient des fleuves, des rivières et de nombreuses
sources d'eaux douces et thermales qui paraissent
avoir déposé plus spécialement la pierre à plâtre
et la meulière, s'élevaient deux grandes îles de

craie, dont l'une constitue aujourd'hui, tout près d'ici, le pays de Bray, dans les départements de l'Oise et de la Seine-Inférieure.

Le fond de la mer Parisienne, ainsi que ses rivages, étaient d'ailleurs formés eux-mêmes par une immense couche crayeuse déposée par les mers d'une époque précédente, et l'on voit parfaitement au bas Meudon, où cette craie est assez haute pour être exploitée, la superposition du terrain parisien au terrain crétacé.

Au sein de cette masse liquide vivaient, en compagnie de quelques rares poissons semblables à des raies, et de deux ou trois espèces de tortues, de nombreux mollusques, dont les coquillages fossiles font aujourd'hui notre admiration : tels étaient la *cérithe gigantesque* (*Cerithium giganteum*), qui pouvait atteindre soixante-dix centimètres de longueur; la *cérithe des pierres* (*C. lapidum*), bien plus petite, mais infiniment plus répandue, la *tarière en fuseau* (*Terebellum fusiforme*), l'*ampullaire pointue* (*Ampullaria acuta*), les *cardium*, les *huîtres*, les *nummulites*, etc., etc.

Dans les roseaux et sous les palmiers du rivage habitaient enfin de grands *crocodiles*, des *anoplo-*

therium et des *paleotherium*, mammifères à peau épaisse, analogues aux tapirs ; des *chiens*, des *sarigues*, et trois ou quatre espèces d'*oiseaux*.

A cette époque, la température de ce pays devait être, au dire des géologues, à peu près la même que celle de l'Egypte au temps où nous vivons.

Comme j'achevais de parler, nous arrivions à la carrière, juste au moment où quatre hommes occupés à la manœuvre du treuil finissaient de hisser un mannequin rempli de moellons et de fragments de silex.

— Nous arrivons bien, me dit mon compagnon, le *train* va repartir.

Une minute après, en effet, le panier, débarrassé de son contenu, se balançait au-dessus du gouffre, tout prêt à redescendre au signal du maître carrier.

Je montai sur une grosse pierre, je saisis d'une main le câble de la machine et je sautai dans le mannequin. Les ouvriers y suspendirent ma lanterne, mon ami me fit ses recommandations et chacun me souhaita un bon voyage.

Alors le maître carrier fit un signe; les trois hommes qu'il avait sous ses ordres s'approchèrent de la grande roue, et lui-même se pencha sur l'ouverture de la carrière pour crier d'une voix retentissante un mot d'argot que je ne compris pas.

— Je vous annonce aux camarades, me dit-il; vous leur donnerez le bonjour.

Quelques secondes après, une sorte de bourdonnement grave et sonore montait du fond du puits.

Les camarades avaient entendu.

Soudain, un craquement prolongé se fit entendre dans la machine; je vis marcher les longues traverses de la roue, je sentis le câble glisser en grinçant sur le cylindre, et je me trouvai tout à coup emprisonné dans un large tube de pierre.

J'étais entouré d'une muraille haute de deux mètres environ, destinée à soutenir la terre végétale et les premières couches de sable que l'on avait percées d'abord en creusant le puits. Comme le temps avait été froid pendant quelques jours, cette muraille, ordinairement humide, était tapissée de cristaux de glace au-dessous desquels des mousses de toute espèce faisaient un tapis verdoyant.

Dans les interstices des pierres prospéraient de

nombreux pieds de capillaires et de scolopendres, sortes de fougères employées en médecine et que l'on trouve à l'entrée de presque tous les puits. Çà et là enfin, quelques touffes d'herbes mortes et ensevelies dans de longues stalactites de glace attestaient que les fleurs du printemps et les rayons du soleil n'étaient pas étrangers tout à fait à cette flore souterraine.

Cependant, le treuil tournait au-dessus de ma tête, et, tranquillement assis dans ma nacelle d'osier, je descendais tout doucement dans l'abîme.

Arrivé au niveau du bord inférieur de la muraille, le puits se rétrécit tout à coup, et je me trouvai presque instantanément au milieu de l'obscurité la plus complète.

Le jour, qui blanchissait la muraille à l'entrée du puits, n'arrivait plus jusqu'à moi; je n'apercevais en levant la tête qu'un petit point du ciel, et, pour distinguer ce qui m'environnait, je dus m'empresser d'ouvrir ma lanterne.

Aussitôt, je découvris qu'à la première couche de sable avaient succédé des zones de *marnes jaunes et vertes*, d'où je pus extraire en passant deux ou trois coquilles d'huître, une empreinte de feuille et quelques fragements d'un os de poisson marin.

Une minute après, je me vis en face de ces puissantes assises de *gypse* ou *pierre à plâtre*, si remarquables à Montmartre, et dans lesquelles le génie de Cuvier a su retrouver les êtres vivants qui peuplaient, des milliers d'années avant les hommes, la contrée que nous habitons.

En cet endroit, toute végétation avait complétement disparu; pas un brin d'herbe, pas une mousse ne croissaient au milieu de ces ténèbres incompatibles avec la vie; et dans le cercle lumineux que ma lanterne jetait sur la paroi, j'apercevais seulement, incrustés ou moulés dans la roche, les nombreux fossiles enfouis dans ces masses de pierre.

Le puits, à ce niveau, s'élargissait considérablement, pour se rétrécir de nouveau quelques mètres plus bas.

La couche de gypse avait été beaucoup plus entamée que les autres, et de longues galeries horizontales avaient même été pratiquées à cette hauteur pour l'exploitation de la pierre à plâtre.

Au moment où je passais devant l'entrée d'une de ces galeries, ouverte devant moi comme une porte de l'enfer, je pris à la main ma lanterne pour en diriger la lumière dans l'intérieur du corridor;

mais soudain de petits cris aigus retentirent à mes oreilles, j'entendis un frôlement rapide autour de ma tête, cinq ou six corps velus et difformes tombèrent sur mon chapeau, et, ne m'attendant nullement à cette attaque subite, je ne pus me défendre d'une certaine frayeur.

Bientôt, cependant, je repris tout mon sangfroid en reconnaissant à qui j'avais affaire : mes assaillants n'étaient autres qu'une quinzaine de chauves-souris *rhinolophes* et *vespertilions* qui protestaient énergiquement contre l'illumination de leur domicile.

La fureur de ces ennuyeux *chéiroptères*, dont je ne pus me débarrasser qu'en atteignant les limites inférieures du gypse, m'empêcha d'examiner à l'aise, dans cette masse intéressante, les diverses zones que les ouvriers ont si bizarrement nommées : bancs des *brioches*, des *écuelles*, des *chiens*, des *fleurs*, des *œufs*, des *foies de cochons*, des *pots à beurre*, des *fusils*, etc., etc., suivant les formes et la qualité de la pierre qu'elles fournissent ; et, de la sorte, j'arrivai presque sans m'en douter à la première assise de calcaire grossier connue dans les carrières sous le nom de lit des *mauvais moellons*.

Cette couche, ainsi désignée parce que la pierre qu'on en retire est trop tendre pour être solide, est séparée du gypse par deux ou trois bancs de sable, d'argile ou de grès très friable de quelques centimètres d'épaisseur.

Au niveau des mauvais moellons, j'étais à peu près à soixante mètres de l'ouverture du puits. J'entendais distinctement déjà le choc des outils et, confusément encore, la voix des ouvriers qui travaillaient au fond de la carrière.

Tout à coup, comme je promenais sur la paroi la lumière de la lanterne, quelque chose de singulier frappa mes regards.

C'était une sorte de tige chargée de feuilles blanches et plantée dans une fissure du rocher.

Croyant être en proie à une illusion, je tendis la main vers cet objet étrange, et quel ne fut pas mon étonnement quand je découvris que c'était bien réellement une plante pleine de vie qui végétait ainsi dans cette nuit éternelle, à soixante mètres de profondeur !... Evidemment, une graine tombée dans le puits s'était arrêtée en cet endroit, s'y était développée à l'abri de l'hiver, et lui avait donné naissance ; mais la pauvre plante, privée de lumière, était triste, chétive, étiolée, malade : elle n'avait jamais eu ni cette vigueur, ni cette belle couleur verte que le soleil seul peut donner.

J'eus pitié de ce frêle brin d'herbe que son mauvais destin avait condamné à naître et à mourir sur la roche inféconde de cette prison obscure, et je me promis bien, quand je sortirais de ces catacombes, de l'emporter avec moi pour le rendre à la lumière et à la santé.

Le gros câble qui soutenait ma nacelle, ne cessant de se dérouler, je franchis rapidement les épaisses couches de *calcaire coquillier* ou *roche* proprement dite, qui donne la véritable *pierre à bâtir*. J'y reconnus, au milieu de bien d'autres fossiles, ces petits coquillages en forme de vis que l'on appelle des *cerithes*, et qui sont si nombreux que le calcaire en est quelquefois pétri.

Quelques secondes plus tard, je descendais dans une galerie pleine de bruit et de lumière ; la pioche, le pic et le marteau retentissaient sous ses voûtes sonores ; et, sur le sol argileux de la carrière, deux braves garçons m'attendaient avec beaucoup de complaisance pour me faire les honneurs de chez eux.

Le plancher, sur lequel je mis pied à terre, était formé par l'*argile plastique*, première couche du terrain parisien, reposant immédiatement sur la craie. Les carriers me dirent qu'ils exploitaient cette argile pour la fabrication des briques, mais qu'à Dreux et à Montereau, elle était assez fine pour servir à faire de la faïence et des creusets.

Ils me montrèrent leurs travaux, me guidèrent dans les galeries et me firent visiter les couloirs qu'ils avaient percés dans la roche. J'y recueillis quelques fossiles intéressants; après quoi, regrettant déjà la lumière et la liberté, j'exprimai le désir de retourner sur la terre. Le mannequin avait été hissé et redescendu deux fois pendant ma promenade; j'y remontai au moment où il allait commencer sa troisième ascension.

En arrivant au haut de la masse calcaire, je ne manquai pas d'y recueillir la malheureuse prisonnière que ses racines retenaient au rocher, et je la plaçai bien soigneusement dans un coin de mon panier. Au niveau du gypse, les chauves-souris s'acharnèrent encore contre ma lanterne; mais cette fois je m'y attendais, et je dissipai à coups de chapeau l'infernal essaim de ces animaux nocturnes. Petit à petit, cependant, à mesure que je montais, la lumière se faisait dans l'abîme, et le point du ciel que j'apercevais au-dessus de ma tête s'élargissait de plus en plus.

Je revis successivement les marnes colorées qui couvraient le gypse, la muraille, les mousses, les fougères , le soleil, les vigoureux travailleurs qui tournaient la machine, et mon bon ami de Bagneux qui me reçut comme si je revenais d'un long voyage.

Mon ascension à travers les séculaires assises du terrain parisien n'avait pourtant duré que de sept à huit minutes.

La pauvre plante étiolée que je portais dans ma nacelle fut un sujet d'étonnement et d'admiration pour les braves gens qui m'entouraient. Je reconnus alors, malgré la pâleur de ses feuilles, que c'était une *lychnide du soir* (*Lychnis vespertina*), ainsi nommée parce que ses grandes fleurs blanches, inodores pendant le jour, exhalent après le coucher du soleil un parfum des plus suaves. Je l'emportai chez moi avec les plus grandes précautions, et je la plaçai sur ma cheminée, dans un vase garni d'excellent terreau.

Grâce au traitement médical que je lui fais suivre, ses forces reviennent lentement et ses feuilles reverdissent.

Au printemps, je l'espère, elle sera complétement guérie.

Je la mettrai sur ma fenêtre, et cette pauvre petite fleur recevra, comme les autres, les caresses des abeilles et les baisers des papillons.

XXIII

LA VIE D'UN BRIN DE MOUSSE

XXIII

Un jour d'hiver, une bouffée de vent qui balayait les herbes desséchées et lés feuilles mortes tombées dans les bois, passa rapidement sur une vieille muraille en ruines, tout près de Louveciennes.

Cette muraille, bâtie sur un terrain argileux, était humide, et dans les intervalles de ses pierres s'étaient accumulés à la longue de petits amas de terre et de sable qui remplaçaient les couches de mortier disparues depuis longtemps. La bouffée de vent portait avec elle de la poussière, des détritus végétaux de toute sorte, et une multitude de corpuscules imperceptibles que la vieille muraille arrêta au passage et qui demeurèrent collés dans ses anfractuosités.

Si, à ce moment, un naturaliste avait examiné à la loupe la surface du mur où ces corpuscules avaient été jetés, il aurait reconnu en eux des spores, c'est-à dire des corps globuleux qui ne sont autre chose que des graines de mousse. Le peu de terre qui remplissait les crevasses de la muraille suffit à leur développement. En quelques jours, ces corps se gonflèrent, grossirent et se déformèrent légèrement en s'allongeant d'un côté. Ils présentè- rent bientôt ainsi la forme d'une poire, et s'enfon- cèrent par leur extrémité pointue dans le petit lit de terre sur lequel ils étaient tombés. Leur portion souterraine devint alors une racine, et celle qui faisait saillie à l'extérieur s'emplit de la matière colorante verte des feuilles nommée *chlorophylle*.

La muraille, vue de profil, paraissait à ce moment couverte d'un velours verdoyant : c'étaient des mil- lions de brins de mousse qui naissaient.

Ce phénomène de la germination des mousses est très-facile à étudier, car il se produit chaque jour sous nos yeux. Les personnes qui fréquentent le jardin des Tuileries ont pu remarquer que le tronc et les grosses branches des maronniers sont revêtus d'une couche verdâtre sur la face qui regarde la rue de Rivoli, c'est-à-dire celle qui est le plus exposée au vent et à la pluie, tandis que sur l'autre face ils en sont complétement dépourvus. Cette végétation parasitaire est tout simplement due à des spores de mousse qui germent dans les fentes de l'écorce où ils ont été jetés, et plus ou moins analogues à ceux qui se développent de la même façon sur les rochers et les murailles humides.

Mais revenons à notre vieux mur de Louveciennes, dont la nature semblait vouloir cacher la ruine sous un magnifique tapis de verdure.

Deux mois environ après leur germination, les petits brins de mousse qui y prospéraient avaient atteint la longueur de trois ou quatre centimètres, et formaient entre eux des coussinets arrondis, fortement serrés et presque impénétrables. Chacun de ces coussinets contenait bien encore cinq ou six cents brins très-distincts, et qu'on aurait parfaitement pu séparer les uns des autres sans qu'ils en souffrissent aucunement.

Le brin le plus petit avait sa racine, sa tige et ses feuilles comme les autres ; il se nourrissait et respirait tout aussi bien que les plus grands. Leur croissance était alors assez complète pour que l'on pût déterminer déjà le nom du genre auquel ils appartenaient. Leur tige moyenne, leurs feuilles étalées, oblongues, recourbées et portant un long poil à l'extrémité, caractérisaient le genre *tortule* ; mais, pour connaître le nom de l'espèce, il manquait encore des organes essentiels, ceux de la reproduction.

Cependant, du sommet de toutes ces tiges pleines de vie et de fraîcheur, naquirent bientôt des prolongements filiformes qui s'élevèrent à la hauteur d'un pouce environ sans se couvrir de feuilles.

A mesure que ces prolongements ou *pédicelles* s'allongeaient, leur extrémité devenait transparente et prenait une forme globuleuse ; mais quand leur accroissement fut achevé, le renflement acquit plus de consistance et de régularité.

La petite sphère qui le constituait avait à peu près le volume d'une grosse tête d'épingle ; elle se déforma légèrement en grandissant un peu, et ne tarda pas à prendre exactement la forme d'une urne. Dans cette urne, que l'on peut regarder comme la fleur des mousses, étaient entassés des milliers de spores semblables à ceux qui avaient germé sur la muraille quelques mois auparavant, et parfaitement propres à reproduire le même végétal.

A cette époque, me trouvant par hasard à Louveciennes, je pris sur le vieux mur un coussinet de cette mousse verdoyante, et je le mis dans une boîte avec ses racines pour l'emporter à Paris. Rentré chez moi, je l'étudiai avec le plus grand intérêt, en découvrant la merveilleuse structure de toutes les petites urnes suspendues à l'extrémité des pédicelles.

Chacune d'elles était entourée d'une sorte de cornet ou *coiffe* posé sur l'urne, tout à fait de la même façon qu'un éteignoir sur un flambeau. Au-dessous de cette première enveloppe, que j'enlevai très-facilement à l'aide de la pointe d'une aiguille, j'aperçus un petit *opercule* conique semblable au couvercle d'un encrier et fermant hermétiquement le vase microscopique où les spores étaient contenus.

En enlevant cet opercule comme j'avais ôté la coiffe, je trouvai encore au-dessous de lui une sorte de réseau du tissu le plus fin, protégeant la première couche de spores, et que je ne puis mieux comparer qu'à ces morceaux de papier-dentelle que les confiseurs placent dans les boîtes de dragées pour conserver à ces dernières toute leur fraîcheur.

De la pointe de mon aiguille je soulevai doucement ce réseau délicat, et je vis qu'il était formé par l'entrecroisement d'une multitude de petites dents triangulaires insérées par leur base sur les bords de l'urne comme les cils sur la paupière, et couchées à la surface des spores.

Le nombre et la disposition de ces denticules devant me faire connaître le nom spécifique de mon brin de mousse, je plaçai l'urne sous le microscope et je regardai.

Les dents, au nombre de trente-deux, étaient soudées entre elles à la base : j'avais sous les yeux la *tortule champêtre* (*tortula ruralis*).

Tout à coup, je vis un étrange phénomène se produire dans le champ de mon microscope. L'urne, vivement éclairée par la lumière reflétée par un miroir concave, était d'une transparence parfaite, et les dents d'un beau vert noirâtre se distinguaient très nettement.

Celles-ci, que j'avais complétement redressées, se recourbèrent brusquement au-dessus de l'orifice de l'urne pour se relever presque instantanément et se refermer bientôt avec une grande rapidité. Ces mouvements bizarres qui se manifestèrent pendant trois quarts d'heure environ, faisaient sortir de l'urne un très grand nombre de spores, et ceux-ci glissant entre les dents étaient lancés avec force et projetés de tous côtés.

Je crus pouvoir attribuer ces alternatives de flexion et de redressement des denticules aux propriétés hygrométriques qu'elles possèdent à un très haut degré, et qui se produisent ou varient avec les changements de température et sans doute aussi de lumière. En effet, ayant voulu, à un certain moment, porter une légère goutte d'eau sur les dents de l'urne, elles se contractèrent subitement pour couvrir les spores, et leurs mouvements ne recommencèrent que lorsque la goutte d'eau se fut entièrement évaporée.

L'observation de mon brin de mousse au microscope me révéla bien d'autres phénomènes encore, et, de surprises en surprises, je parvins à découvrir que cette humble touffe de cinq centimètres carrés n'était qu'une épaisse forêt remplie de monstres étranges.

Des milliers d'animalcules, considérablement exagérés par les lentilles de l'instrument grossissant, se montrèrent à mes regards, et quelques gouttes d'eau que je déposai sur les feuilles formèrent un vaste océan dans lequel nageaient et roulaient pêle-mêle tous les animaux fantastiques de l'Apocalypse.

Les uns, semblables à des sphères hérissées de longs poils, tournaient sur eux-mêmes; d'autres, en forme de fuseau, s'allongeaient et se raccourcissaient; d'autres se lançaient avec impétuosité contre leurs voisins; d'autres, simulant les fleurs de la campanule, demeuraient dans l'immobilité la plus complète; d'autres, enfin, paraissaient s'ouvrir et se fermer comme des parasols.

Ainsi, ce petit paquet de verdure qui croissait dans la crevasse humide d'une muraille ruinée, n'avait pas été oublié par la providence.

Il était peuplé comme le plus riche pays du monde, il donnait à vivre à une multitude d'êtres proportionnés à son importance et à sa grandeur : il abritait sous ses innombrables petites feuilles des myriades d'animaux visibles seulement au microscope, mais possédant toutes les fonctions nécessaires à la vie.

Au milieu de ces brins de mousse, grands de quelques centimètres, on se remuait, on se nourrissait, on s'aimait comme ailleurs, on se faisait même du mal quand on le pouvait, on se pillait, on se croquait sans délicatesse, on se battait comme partout.

Cette humble touffe verte que j'avais rapportée dans ma poche avait, comme la forêt la plus grande, ses fourrés impénétrables, ses profondeurs sombres, ses recoins mystérieux et ses tribus d'habitants; le cryptogame que nos yeux n'aperçoivent pas, était

aussi complet que le chêne énorme et n'avait rien
à lui envier.

L'hiver est la saison des mousses. Les froides
pluies d'octobre et de novembre font reverdir leurs
tiges desséchées et rendent la vie à leurs racines
épuisées par les chaleurs de l'été.

C'est quand la neige couvre la terre et quand la
bise glaciale siffle dans les bois dépouillés, que les
mousses se plaisent le mieux.

Si, dans quelques jours, cher lecteur, vous avez
le courage de quitter le coin de votre feu pour faire
une promenade champêtre, vous verrez de tous
côtés sur les pierres, sur les murs, sur les toits,
sur le sol endurci par la gelée, ces élégants petits
végétaux étaler leurs gazons de velours. Vous re-
marquerez la diversité de leurs formes, les nuances
de leur couleur, la bizarrerie de leurs attitudes, et
la façon curieuse dont plusieurs portent leurs
urnes.

Les environs de Paris sont très riches en mousses :
on y peut recueillir aisément un grand nombre
d'espèces, depuis le *gymnostome à petit orifice*
(*Gymnostomum microstomum*), qui ne s'élève qu'à
3 ou 4 millimètres de hauteur, et qu'on ne trouve
guère qu'au bois de Boulogne, jusqu'au *polytric*

vulgaire (Polytrichum vulgare), qui mesure 20 centimètres, et qu'on rencontre à chaque pas. Parmi les mousses, quelques-unes méritent d'être signalées, parce qu'elles sont utiles ou plus curieuses que les autres.

Les *sphaignes (Sphagnum palustre)*, qui croissent dans les lieux humides, constituent, en se groupant en touffes épaisses, des sortes d'éponges qui font disparaître l'excès d'humidité et favorisent l'évaporation de l'eau. Malheureusement, ces qualités deviennent des inconvénients lorsque ces mousses se développent dans les prairies, où la présence de l'eau est presque toujours nécessaire.

Les *hypnes (Hypnum)* servent dans les pays pauvres à garnir les lits et surtout les berceaux des enfants ; en quelques endroits, quand on fait une maçonnerie en argile, on les mêle à la glaise pour lui donner plus de solidité, et les marins les emploient pour calfater leurs bâtiments.

La *funaire hygrométrique (Funaria hygrometrica)*, reconnaissable à ses pédicelles onduleux, présente la propriété remarquable de se tordre et de se contracter pendant la sécheresse. Elle vient de préférence dans les clairières des bois où l'on a fait le charbon ; elle n'est pas rare aux environs de

Paris. Je l'ai recueillie plusieurs fois dans les garennes de Sèvres et de Chaville.

La *fontinale incombustible* (*Fontinalis antipyretica*) est une mousse aquatique. Elle se plaît dans les ruisseaux limpides, dans les puits, dans les fontaines. Ses racines se fixent aux pierres, et ses tiges, garnies de feuilles translucides, flottent librement dans les eaux.

Les sels de potasse et de chaux qui entrent dans sa composition ne lui permettent de brûler qu'avec beaucoup de difficulté; elle se carbonise sans jeter de flammes; aussi les Lapons l'entassent-ils en grande quantité autour de leurs cheminées pour préserver de l'incendie leurs maisons de planches.

Les mousses, autrefois usitées en médecine, sont complétement abandonnées aujourd'hui. La plante que l'on vend dans les pharmacies sous le nom de *mousse de Corse* n'est pas en effet une mousse, mais bien une algue marine que l'on récolte sur les côtes de la Méditerranée, et principalement autour de l'île de Corse.

Dans la vieille thérapeutique, les véritables mousses étaient surtout employées comme astringentes. On en distinguait deux variétés : la *mousse d'arbre* et la *mousse de terre*, mais celle-ci était loin d'avoir les vertus de celle-là. La mousse d'arbre de première qualité devait être recueillie sur le chêne ou le cèdre. On la prescrivait, comme la plupart des médicaments d'ailleurs, dans une foule de maladies : contre l'hydropisie, la paralysie de la vessie, la gravelle, les vomissements, la dyspepsie, le flux intestinal, les défaillances, les syncopes, les hémorrhagies, le scorbut, etc., etc.

Les médecins ordonnaient les macérations vineuses, les infusions, ou la poudre de mousse d'arbre.

Le remède était peu coûteux et facile à prendre.

Avait-il une grande efficacité?... c'est peu probable; mais il avait au moins un grand mérite : c'est qu'il ne faisait pas de mal...

XXIV

UN BOUQUET DE VIOLETTES

XXIV

UN BOUQUET DE VIOLETTES.

Hier, en me promenant sur le boulevard, j'aperçus, sous une porte cochère, une petite fille qui vendait des violettes sur un éventaire qu'elle portait devant elle.

C'était une pâle et chétive enfant de douze à treize ans, au regard doux et mélancolique, et timide comme les jolies fleurs que ses doigts mignons disposaient en petits bouquets. Un filet de laine bleue, dont les brides étaient flottantes, couvrait gracieusement sa tête blonde, et un mouchoir rouge à points blancs cachait sous ses plis ses épaules délicates.

Tout entière à son petit travail, la douce enfant regardait à peine les passants... Cependant, quand une dame richement vêtue venait à effleurer du bout de son manteau de velours la robe grise de la jeune bouquetière, celle-ci s'interrompait un instant pour s'écrier d'une voix pleine de fraîcheur : « Voyez, madame..., les jolis bouquets !... » Puis, si l'élégante promeneuse continuait son chemin, la fillette faisait une charmante petite moue, réunissait en faisceau les queues de ses violettes, enroulait rapidement sur elles un bout de fil, et après avoir jeté le coup d'œil de l'artiste sur son bouquet, elle le plantait au milieu des branches de sapin qui couvraient son éventaire.

Je m'arrêtai devant cette frêle jeune fille qui m'offrait, en plein mois de janvier, les odorantes fleurs d'avril, et je lui donnai deux gros sous en échange d'un de ses bouquets.

Elle me remercia en souriant, et, muni de mes violettes, je suivis quelque temps encore l'asphalte des boulevards ; mais, persuadé bientôt que je ne rencontrerais pas sur mon passage ce bel *oiseau rare* que, dans ses poétiques *Fantaisies de Jeunesse*, mon cher Albert Millaud nous montre donnant son cœur et son amour

> Pour un bouquet de violettes,
> De violettes de deux sous.....

je pris sagement le parti de rentrer chez moi.

Je plaçai mes fleurs dans un bouquetier de cristal, et je posai celui-ci sur un cahier de papier blanc étendu sur ma table.

Le suave parfum des violettes se répandit dans ma chambre... je devins rêveur, et des idées philosophiques traversèrent mon esprit...

« Voilà pourtant, me dis-je en contemplant mon bouquet, voilà de pauvres fleurs qui mourront sans avoir rempli le but pour lequel la nature les a créées.

« Au lieu de plonger, ficelées l'une contre l'autre, dans l'eau froide de ce bouquetier, elles devraient puiser par leurs racines les sucs nutritifs d'une terre féconde ; au lieu de verser leurs parfums dans une chambre obscure, elles devraient entr'ouvrir discrètement leurs cassolettes sur la lisière des bois..... Leur vie malheureuse s'éteindra sans qu'elles aient senti les chaudes caresses du soleil, sans qu'elles aient reçu les baisers des insectes aux ailes d'or... Elles n'auront servi à rien dans le grand œuvre de la nature... »

Tout à coup, comme je me disais cela, quelque chose d'informe, s'échappant de l'épaisse touffe des pétales, roula sur les feuilles vertes qui les encadraient, et tomba avec un petit bruit sec sur le cahier de papier blanc placé sous le bouquetier. Ne distinguant rien tout d'abord dans ce corps presque microscopique, je soufflai sur lui pour le faire disparaître, mais il se cramponna en quelque sorte aux aspérités du papier...

Je saisis alors une forte loupe et je cherchai, au moyen de cet instrument grossissant, à reconnaître l'audacieux atome qui se jouait ainsi de la puissance de mon souffle et de la vigueur de mes poumons.

... Jugez de ma surprise quand je vis que c'était une chenillette longue de trois millimètres environ, et enveloppée comme toutes celles de la tribu des *tinéites* d'un mince fourreau composé de morceaux de feuilles et de fleurs !...

En l'examinant attentivement, j'acquis la certitude que c'était l'espèce nommée l'*Adèle de Réaumur (Adela Reaumurella),* celle que cet illustre savant désignait sous le nom de *Teigne à falbalas.* Cette imperceptible chenille, qui se transforme au printemps en un magnifique petit papillon aux ailes veloutées, est en effet d'une coquetterie sans égale.

Aimant le luxe autant qu'une demoiselle *Benoiton*, elle a de plus l'hypocrisie de vivre sur la plus modeste des fleurs, la violette, et de se tailler des robes dans ses pétales odorants. Ses jupons n'ont pourtant pas l'ampleur de ceux qui ont tant exaspéré M. Dupin ; les modes ne changent guère chez les insectes, et l'Adèle de Réaumur porte encore aujourd'hui, comme les dames du premier empire, la robe à fourreau. Mais comme elle fait preuve de goût, dans la confection de cette enveloppe parfumée qui la met en même temps à l'abri du froid et des atteintes de ses ennemis !...

Elle ne se contente pas comme sa parente, la *teigne des tapisseries*, d'ourdir autour de son corps une simple gaîne soyeuse. Non. Ouvrière habile et ingénieuse, elle sait que ses mâchoires peuvent lui servir de ciseaux, et que ses glandes sérigènes lui fournissent toute la soie dont elle peut avoir besoin. Elle découpe alors artistement sur les feuilles et les fleurs de la violette des morceaux de tissu qu'elle coud les uns aux autres, et qu'elle ajuste à son fourreau pour se faire une véritable robe à volants !...

La toilette de la chenille lilliputienne qui vivait

dans mon bouquet était charmante... vue à la loupe. — Ses falbalas avaient conservé toute leur fraîcheur, et ils étaient d'une élégance à désespérer les plus adroites couturières et les modistes les plus intelligentes de Paris...

Après l'avoir longtemps considérée, voyant qu'elle essayait en vain de grimper sur les parois glissantes du bouquetier, je la déposai au milieu des violettes, heureux de voir que ces fleurs servaient enfin tout à la fois d'abri, de nourriture et de vêtement à la larve d'un gracieux lépidoptère.

L'Adèle, sans craindre de froisser sa parure, s'enfonça voluptueusement dans cette forêt de corolles odorantes, pour y vivre heureuse, tant que celles-ci conserveront leur fraîcheur, car, pour cette chenillette élégante, aussi bien que pour l'oiseau rare du poète, il ne peut assurément y avoir ici-bas rien de préférable.

> A ce bouquet de violettes,
> De violettes de deux sous...

APPENDICE

GUIDE DU NATURALISTE

AUX

ENVIRONS DE PARIS

APPENDICE

PARC DE SAINT-CLOUD. — VILLE-D'AVRAY.

SÈVRES.

MOYENS DE TRANSPORT. — Chemin de fer : gare Saint-Lazare. — Omnibus américains, place de la Concorde. — Bateau à vapeur, etc.

Trajet.

Se rendre dans le parc à la grande cascade. — Bassin du grand jet d'eau. — Pentes rapides au-dessous de la Lanterne de Démosthènes. — L'allée des Rochers. — Massifs autour de la lanterne. — Suivre les bords de la grande allée qui mène à Ville-d'Avray. — Les étangs de Ville-d'Avray. — Les Bois de Fausses-Reposes. — Retour par Sèvres.

Topographie.

NATURE DU SOL. — Le sable et le grès sans coquilles, altérés par un mélange d'argile, ou colorés par des oxydes de fer, recouvrent les collines boisées. — Dans l'allée des Rochers et dans les pentes au-dessous de la Lanterne, on voit paraître le calcaire. — Le fond du petit vallon de Ville-d'Avray est constitué par le gypse.

Le parc de Saint-Cloud est généralement humide, surtout dans le versant qui regarde la Seine. Dans les bois de Fausses-Reposes, le sol, couvert de bruyères, est sablonneux et sec; autour des étangs de Ville-d'Avray le terrain est très-marécageux.

Flore spéciale.

CRYPTOGAMES. — Dematium rupestre (à la Cascade). — Spumaria alba. — Cantharellus nigripes. — Lecanora pallescens. — Patellaria erythrocarpia. — Opegrapha pruinosa. — O. radiata. — Cornicularia aculeata. — Collema tenuissimum. — Campylopus penicillatus. — Ceterach officinarum. — Athyrium acrosticoïdeum. — Scolopendrium officinale.

PHANEROGAMES. — Echinochloa crus galli (à l'endroit où l'égoût du château se jette dans la rivière (Mérat.). — Triticum nardus. — Aira cespitosa. — Carex digitata. — Zannichellia palustris. — Luzula Forsteri. — Tulipa sylvestris. — Ornithogalum umbellatum. — Orchis fusca. — Satyrium viride. — Ophrys myodes. — Serapias lancifolia (très-abondant dans les massifs autour de la Lanterne). — Menyanthes trifoliata. — Tamus communis. — Ulmus effusa. — Orobus tuberosus. — Allium ursinum. — Oxalis acetosella. — Scrophularia vernalis (j'ai trouvé cette plante rare dans les massifs au-dessous de la Lanterne, du côté du château). — Valeriana rubra. — Alyssum saxatile (allée des Rochers).

MEUDON. — CLAMART.

MOYENS DE TRANSPORT. — Chemin de fer : gare Montparnasse. — Omnibus.

Trajet.

Station de Meudon. — Château de Meudon. — Étang des Fonceaux. — Étoile de la Patte-d'Oie. — Villebon. — Étang du Tronchet. — Étang de Trivaux. — Partie marécageuse du bois au-dessous de cet étang. — Étoile de la Justice dans les bois de Clamart. — Étoile de la Plaine. — Porte de Clamart.

Topographie.

NATURE DU SOL. — Le sable et le grès sans coquilles recouvrent le calcaire. — Sur les plateaux, à Villebon, autour de l'étang des Fonceaux, etc., on trouve la meulière. — Les bas-fonds sont argileux.

Le sol est généralement sec, sauf dans le voisinage des étangs, où il devient spongieux et tourbeux. — Ces bois, et ceux de Châville, qui n'en sont que le prolongement, sont les plus riches et les plus agréables à parcourir.

Flore spéciale.

CRYPTOGAMES. — Carpobolus impatiens. — Phallus impudicus. — Amanita aurantiaca. — Cantharellus lutescens. — Clavaria flava. — Sphœria callimorpha.

Jungermania epiphylla. — J. multifida. — J. curvifolia. — Phascum curvifolium (sur les murs des anciens Capucins. — *Mérat.*). — Gymnostomum truncatulum. — Campylopus flexuosus. — Weissia lanceolata. — Dicranum heteromallum.

— Hypnum rutabulum. — Hookeria lucens. — Fontinalis
antipyretica. — Bryum nutans. — Polytrichum nanum. —
Lycopodium clavatum. — Asplenium trichomanes. — Ophioglossum vulgatum. — Botrychium lunaria.

PHANÉROGAMES. — Alopecurus utriculata. — Triticum mul-
tiflorum. — Aira præcox. — Poa cærulea. — Cyperus flavescens. — Juncus tenageia.— Paris quadrifolia.—Gagea villosa.
— Galanthus nivalis. — Orchis palustris. — Ophrys apifera.
— O. aranifera — O. nidus avis. — Thesium linophyllum.
Gentiana pneumonanthe. — Galeobdolon luteum. — Oxalis
acetosella. — Veronica scutellata. — Primula elatior. — Digitalis purpurea. — Melittis melissophyllum. — Lychnis flos-
cuculi. — Thalictrum lucidum. — Isopyrum thalictroïdes. —
Ranunculus flammula, — Caltha palustris, etc,

VERSAILLES. — VIROFLAY. — CHAVILLE.

MOYENS DE TRANSPORT. — Chemin de fer (Montparnasse et Saint-Lazare). — Omnibus.

Trajet.

Station de Châville. — Etang de Brisemiche. — Etang d'Ursine. — Prairies environnantes. — Etoile d'Ursine. — Etang de l'Allée-Noire.— Allée Rouge. — Le Trou-au-Gant.—Carrefour de Vélizy.— Bois des Bertisettes. — Bois de Porchefontaine.— Le pont Colbert. — Versailles.

Topographie.

NATURE DU SOL. — Grès et sable argileux sans coquilles.— Meulière sur les plateaux.

Sol très-marécageux autour de l'étang d'Ursine, dans la plaine entre Chaville et Viroflay, et dans le voisinage de l'Allée-Noire. — Bois montueux et secs, très-couverts en quelques points et clair-semés en d'autres.

Flore spéciale.

(Voir la Flore des bois de Meudon.)

CRYPTOGAMES. — Athela flavescens. — Hydnum scutatum. — Clavaria virgultorum. — Fontinalis Juliana — (Bassins de Versailles), polypodium calcareum (murs des Bassins). — Blechnum spicant.

PHANÉROGAMES. — Narcissus poeticus. — Convallaria maïalis. — Galanthus nivalis. — Saxifraga granulata. — Euphorbia verrucosa. — Valeriana dioïca. — Iris pseudo-acorus. — Nymphœa alba (étang de Brisemiche). N. lutea. — Sparganium ramosum, typha latifolia, etc.

La Flore aquatique est des plus variées autour des étangs de Brisemiche, d'Ursine et de l'Allée-Noire.

PLATEAU DU SUD DE PARIS.

MOYENS DE TRANSPORT. — Omnibus de Gentilly, Villejuif, et chemin de fer de Sceaux.

Trajet.

Descendre à Gentilly. — Bicêtre. — Villejuif. — Suivre les sentiers à travers champs. — L'Hay. — Fresnes. — Chevilly. — Vitry. — Ivry-sur-Seine.

Topographie.

NATURE DU SOL. — Tout le plateau depuis Bicêtre est formé par le gypse. — On trouve le calcaire grossier et l'argile sous-jacente à Gentilly, à Ivry et à Vitry. — Les grandes carrières de Gentilly, au bas de la colline de Bicêtre, sont les plus favorables à l'étude.

Le plateau présente à peine quelques ondulations de terrain. Les champs qui le constituent s'étendent à perte de vue de tous côtés. — On n'y trouve d'arbres qu'au bord des routes.

Flore spéciale.

Elle est pauvre, le sol étant presque partout occupé par de grandes cultures. — La Flore des moissons s'y trouve en revanche au grand complet. C'est sur ces plateaux qu'il faut recueillir les plantes suivantes :

PHANÉROGAMES. — Melampyrum arvense. — Centaurea cyanus. — Specularia speculum. — Ornithogalum umbellatum. — Lithospermum arvense. — Anthriscus pecten-veneris. — Lychnis githago. — Sinapis arvensis (en grandes nappes jaunes). — Fumaria officinalis. — Lathyrus aphaca. — Vicia (nombreuses espèces). — Nigella arvensis. — Delphinium consolida. — Adonis annua (et toutes ses variétés). — Ranunculus arvensis, etc.

VALLÉE DE LA BIÈVRE.

MOYENS DE TRANSPORT. — Chemin de fer de Sceaux. — On peut encore s'y rendre par Versailles, ou bien de Chaville par Vélizy. — Pour bien connaître toute la vallée, il est nécessaire d'y faire plusieurs excursions.

Trajet.

Première excursion. — Descendre à Gentilly. — Se rendre à Arcueil en suivant la rivière. — D'Arcueil à Cachan. — Moulin de l'Hay. — Bourg-la-Reine. — Sceaux. — Châtenay. — Antony. — Bois de Verrières. — Le Plessis-Piquet. — Fontenay-aux-Roses.

Deuxième excursion. — Descendre à la station de Massy. — Gagner la Bièvre et se rendre à Igny. — Bièvre. — Vauboyen. —Jouy-en-Josas. — Bois des Gonards. — Buc. — Versailles.

Topographie.

NATURE DU SOL. — Le fond de la vallée est constitué par le gypse. — Les versants et les plateaux, par le grès et le sable sans coquilles. — On peut fort bien voir ces terrains entre Bièvre et Jouy, dans le bois de Verrières, aux environs du Plessis-Piquet et dans le voisinage de Robinson.

La vallée étroite d'Igny à Buc s'élargit entre Massy et Gentilly. — Dans sa partie rétrécie, les deux versants irréguliers et entrecoupés de ravins et de petits vallons sont couverts de bois. — Dans la partie évasée, les versants sont plus unis et cultivés.

Flore spéciale.

CRYPTOGAMES. — Sclerotium populinum, — Peziza leucoloma, — P. coccinea, — Phacidium laurocerasi, — Cantharellus cibarius, — Boletus granulatus, B. esculentus, — Sphœria (plusieurs espèces), — Conferva rivularis, — Draparnaldia tenuis, — Ulva intestinalis (rivière des Gobelins. — Mérat).

PHANÉROGAMES. — Poa aïroides, — P. angustifolia, — Cyperus longus, — Setaria glauca, — Satyrium viride, — Orchis maculata, — Asclepias vincetoxicum, — Adoxa moschatellina, — Rhinanthus pratensis, — Aristolochia clematitis.

MOYENS DE TRANSPORT. — Chemin de fer du Nord.

Trajet.

Descendre à Enghien. — Monter à Montmorency. — Ermitage de J.-J. Rousseau. — Andilly. — La Croix-Blanche. — Le château de la Chasse. — Saint-Prix. — Montlignon. — Eaubonne. — Ermont.

Topographie.

NATURE DU SOL. — Les plateaux découverts et la plus grande partie de la forêt reposent sur le sable argileux et colorié par l'oxyde de fer. Le gypse apparaît à Montmorency, à Groslay et sur tous les versants.

La forêt, sèche et sablonneuse en général, est coupée de ravins et de vallons dont le fond est presque toujours humide et tourbeux.

Flore spéciale.

CRYPTOGAMES. — Cenangium asperum, — Hysterium arundinaceum.

Sphæria clypeata, — Riccia natans, — Targionia hypophylla, — Anthoceros conica.

Orthotrichum Lyellii, — Neckera curtipendula, — Bryum pyriforme, — Politrichum piliferum, — Lycopodium clavatum, — Blechnum spicant, — Osmunda regalis, — Polystichum aculeatum (derrière le château de la Chasse), — Ophioglossum vulgatum, — Equisetum hyemale.

PHANÉROGAMES. — Poa loliacea, — P. aquatica (Saint-Gratien).

Orchis odoratissima, — Ophrys lœselii, — Orchis ustulata.

Triglochin palustre, — Rumex hydrolapathum (Saint-Gratien).

Vaccinium myrtillus (dans les parties élevées de la forêt).

Allium ursinum, — Paris quadrifolia, — Ornithogalum pyrenaïcum, — Drosera rotundifolia (ces dernières près du château de la Chasse), — Lysimachia nemorum, — Pyrola minor, — Singuicula vulgaris, — Plantago uniflora ? (J.-J. Rousseau, de Jussieu et Thouin l'y ont inutilement cherché).

SAINT-GERMAIN-EN-LAYE.—MARLY.—BOUGIVAL.

MOYENS DE TRANSPORT. — Chemin de fer (gare Saint-Lazare).

Trajet.

Saint-Germain. — Aller à Marly. — Forêt de Marly. — Mareil. — Forêt de Saint-Germain. — Suivre parallèlement à la terrasse jusqu'à Carrières-sous-Bois. — Les Loges. — La Mare aux Canes. — Retour à Saint-Germain.

Topographie.

NATURE DU SOL. — Le calcaire grossier, recouvert par la terre végétale, constitue le plateau de Saint-Germain. Celui de Marly est formé par le sable et le grès sans coquilles. Sol plat et sec. Terrain maigre et peu fertile.

Flore spéciale.

CRYPTOGAMES. — Cantharellus cibarius, — Boletus cyanescens, — Clavaria flava, — Agaricus (nombreuses espèces).

PHANÉROGAMES. — Ruscus aculeatus, — Serapias lancifolia — Stellera passerina, — Urtica pilulifera, — Chlora perfoliata, — Arabis sagittata.

La forêt de Saint-Germain manque de plantes phanérogames importantes ou rares. La flore commune à toutes les forêts y est même peu développée. J'y ai cherché vainement le *monotropa hypopithys,* que quelques naturalistes disent y avoir rencontré.

VINCENNES.

MOYENS DE TRANSPORT. — Chemin de fer (Bastille). — Omnibus.

Trajet.

Facile dans le bois. — Çà et là. — Saint-Maur. — Bords de la Marne. — Joinville-le-Pont. — Nogent.

Topographie.

NATURE DU SOL. — Terrain d'eau douce et calcaire siliceux. — Sol plat ou peu accidenté ; — sec en général.

Flore spéciale.

La flore, autrefois riche, a été modifiée par les embellissements du bois, et l'influence des grandes cultures de la ferme impériale.

PHANÉROGAMES. — Agrostis paradoxa, — Poa pilosa, — Carex Schreberi, — Allium scorodoprasum, — Narcissus pseudo narcissus, — Iris fœtidissima, — Cucubalus bacciferus, — Serapias latifolia, — Asarum europœum.

Au bord de la Marne : Rumex limosus, — Butomus umbellatus, — Sagittaria sagittæfolia, — Phragmites communis, — Lythrum salicaria, — Limnanthemum nymphoïdes, — Nymphæa lutea, — Senecio paludosus, — Euphorbia palustris, — et toutes les plantes qui croissent au voisinage des eaux.

BONDY.

MOYENS DE TRANSPORT. — Chemin de fer de l'Est. — Omnibus.

Trajet.

Bondy. — Bords du canal de l'Ourcq. — Livry. — Clichy. — Montfermeil. — Le Raincy. — Villemomble. — Gagny.

Topographie.

NATURE DU SOL. — La forêt de Bondy repose sur le terrain d'eau douce et le calcaire siliceux. — Le plateau entre Clichy et Montfermeil est recouvert par le grès et le sable argileux. — Le sol est généralement plat, humide et marécageux en quelques points.

Flore spéciale.

CRYPTOGAMES. — Jungermannia furcata, — J. polyanthos, — Polypodium dryopteris.

PHANÉROGAMES. — Sturmia verna, — Agrostis paradoxa, — Aira canescens, — Carex pallidior, — Primula grandiflora (cette dernière y est rare, je ne l'ai rencontrée qu'une fois en 1863).

FAUNE

DES ENVIRONS DE PARIS

VERTÉBRÉS

Mammifères.

CHEIROPTÈRES OU CHAUVES-SOURIS.

Rhinolophe fer à cheval (Rhinolophus ferrum equinum).
Le Murin (Vespertilio murinus).
La Noctule (Vespertilio noctula).
La Sérotine (Vespertilio serotinus).
La Pipistrelle (Vespertilio pipistrellus).
La Barbastelle (Plecotus barbastellus).
L'Oreillard (Plecotus auritus).

INSECTIVORES.

La Taupe (Talpa Europea).
La Musaraigne (Sorex vulgaris. — Musaraigne carrelet).
La Musette (Sorex araneus).
La Musaraigne d'eau (Sorex carinatus).
La Musaraigne à dents blanches (Sorex leucodon).
Le Hérisson (Erinaceus Europœus).

CARNIVORES.

Le Blaireau (Meles taxus).
   (On le trouve quelquefois, assure-t-on, dans les bois des environs de Paris. — Chenu).
La Belette (Mustela vulgaris).
La Fouine (Mustela foina).
Le Putois (Mustela putorius).
Le Renard (Canis vulpes).

RUMINANTS.

Le Chevreuil (Cervus capreolus).

RONGEURS.

L'Ecureuil (Sciurus vulgaris).
Le Lérot (Myoxus nitela).
Le Muscardin (Myoxus avellanarius).
Le Surmulot (Mus decumanus).
Le Rat (Mus rattus).
La Souris (Mus musculus).
Le Mulot (Mus sylvaticus).
Le Rat des moissons (Mus minutus).
Le Rat d'eau (Arvicola amphibius).

Le Campagnol souterrain (Arvicola subterraneus).
Le Campagnol ordinaire (Arvicola arvalis).
Le Lièvre (Lepus timidus).
Le Lapin de garenne (Lepus cuniculus).

Oiseaux.

ACCIPITRES.

Faucon cresserelle (Falco tinnunculus).
— émerillon (F. lithofalco).
— hobereau (F. Subbuteo).
Balbusard orfraie (Pandion fluvialis).
Epervier (Accipiter nisus).
Milan royal (Milvus regalis).
Buse commune (Buteo vulgaris).
Buse pattue (B. lagopus).
Busard harpaye (Circus aruginosus).
— Saint-Martin ou Soubuse (C. cyaneus).
— Montagu (C. cineraceus).
Hibou moyen-duc (Otus vulgaris).
Scops petit-duc (Ephialtes zorca).
Hulotte ou Chat-huant (Syrnium aluco).
Chouette effraye (Strix flammea).
Chevêche noctuelle (Athene noctua).

GRIMPEURS.

Engoulevent commun (Caprimulgus vulgaris).
Martinet de muraille (Cypselus apus).
Pic vert (Picus viridis).
— epeiche (P. major).
Pic epeichette (P. minor).
— mar (P. medius).
Coucou (Cuculus canorus).
Martin-pêcheur (Alcedo ispida).

PASSEREAUX.

Sittelle torche-pot (Sitta cœsia).
Grimpereau familier (Certhia familiaris).
Huppe (Upupa epops).
Corbeau ordinaire (Corvus corax).
Corneille ou corbine (C. Corone).
Corneille mantelée (C. cornix).
Freux (C. frugilegus).
Choucas (C. monedula).
Pie (C. pica).
Geai (C. glandarius).
Hirondelle de cheminée (Hirundo rustica).
— de rivage (H. riparia).
— des fenêtres (H. urbica).
Gobe-mouche noir (Muscicapa atricapilla).
— gris (M. grisala).
Pie-grièche (Lanius excubitor).
— d'Italie (L. minor).
— rousse (L. rufus).
— écorcheur (L. collurio).
Etourneau sansonnet (Sturnus vulgaris).
Loriot (Oriolus galbula).
Grive des vignes (Turdus musicus).
— draine (T. viscivorus).
— litorne (T. pilaris).
— mauvis (T. iliacus).
Rousserolle des roseaux (Calamoherpe turdoides).
Merle noir (Merula vulgaris).

Cincle plongeur (Cinclus aquaticus).
Rouge-gorge (Sylvia rubecula).
Rouge-queue de muraille (Ruticilla phœnicura).
Rossignol ordinaire (Philomela luscinia).
Fauvette à tête noire (Sylvia atricapilla).
— des jardins (Sylvia hortensis).
Hippolais ictérine (Hippolais ictérina).
Babillarde grisette (Curruca cinerea).
Troglodyte commun (Troglodytes vulgaris).
Roitelet huppé (Regulus cristatus).
— à moustaches (R. ignicapillus).
Pouillot fitis (Phyllopneuste trochilus).
Motteux œnanthe (Saxicola œnanthe).
Traquet tarier (Pratincola rubetra).
Accenteur mouchet (Accentor modularis).
Bergeronnette printanière (Budytes flava).
— soufrée (B. sulphurea).
— de Ray (B. Rayi).
Lavandière grise (Motacilla alba).
— lugubre (M. lugubris).
Pipit des prés (Anthus pratensis).
— des buissons (Anthus arboreus).
— spioncelle (Anthus spioncella).
Alouette calandrelle (Alauda brachydactyla).
— des champs (A. arvensis).

Cochevis huppé (Galerida cristata).
— lulu (G. arborea).
Mésange charbonnière (Parus major).
— bleue (P. cœruleus).
— huppée (P. cristatus).
— noire (P. æter).
Nonette de marais (Pœcila palustris).
Mécisture à longue queue (Mecistura caudata).
Moineau domestique (Passer domestica).
— friquet (P. montana).
— soulcie (P. petronia).
Cenchrame des roseaux (Cenchramus schœniclus).
Bruant proyer (Emberiza miliaria).
— jaune (E. citrinella).
— ortolan (E. hortulana).
— zizi (E. cirlus).
Gros-bec ordinaire (Coccothraustes vulgaris).
Verdier commun (Fringilla chloris).
Chardonneret commun (Fr. carduelis).
Tarin commun (Fr. spinus).
Linot ordinaire (Fr. linotta).
Bouvreuil vulgaire (Pyrrhula vulgaris).

GALLINACÉS.

Pigeon ramier (Columba palumbus).
— colombin (C. œnas).
— biset (Livia vulgaris).
Tourterelle (Columba turtur)
Perdrix grise (Perdrix cinerea).
Caille vulgaire (Ortix coturnix).
Faisan commun (Phasianus vulgaris).

ÉCHASSIERS.

Râle d'eau (Rallus aquaticus).

Maronette de genêt (Ortygometra crex).

— porzane (O. porzana).

Poule d'eau (Gallinula chloropus).

Foulque d'Europe (Fulica atra).

Courlis à long bec (Numenius arquatus).

Bécasse ordinaire (Scolopax rusticola).

Bécassine double (Gallinago major).

— grise (G. grisea).

— moyenne (G. media).

— sourde (G. gallinula).

Barge commune (Limosa œgocephala).

Avocette à tête noire (Recurvirostra avocetta).

Chevalier brun (Totanus fuscus).

Tourne-pierre commun (Arenaria interpres).

Maubêche cendrée (Tringa cinerea).

Pluvier ordinaire (Charadrius pluvialis).

Vanneau huppé (Vanellus cristatus).

Hirondelle de mer (Sterna cantiaca).

Oie cendrée (Anser segetum).

— rieuse (A. albifrons).

Canard sauvage (Anas boschas).

Milouin commun (A. ferina).

Garrot ordinaire (A. clangula).

Souchet commun (A. clypeata).

Canard pilet (A. acuta).

Sarcelle commune (A. querquedula).

Petite sarcelle (A. crecca).

Harle vulgaire (Mergus merganser).

— huppé (M. serrator).

— piette (M. albellus).

Reptiles.

SAURIENS.

Lézard vert (Lacerta viridis).

— commun (L. agilis).

Orvet fragile (Anguis fragilis).

OPHIDIENS.

Couleuvre lisse (Coluber austriacus).

— vipérine (C. viperinus).

— à collier (C. natrix).

Vipère péliade (Pelias berus).

— commune (V. aspis).

AMPHIBIENS.

Rainette verte (Hyla viridis).

Grenouille rousse (Rana temporaria).

— comestible (R. esculenta).

Pélobate brun (Pelobates fuscus).

Crapaud accoucheur (Alytes obstetricans).

Crapaud pluvial (Bombinator igneus).

— commun (Bufo vulgaris).

— des joncs (B. calamita).

— vert (Bufo viridis).

Salamandre tachetée (Salamandra maculosa).

Triton marbré (Triton marmoratus).

— à crête (Triton cristatus).

— ponctué (T. punctatus).

— palmé (T. palmatus).

Poissons.

(Espèces de la Seine, d'après
M. Ray. *Patria*, t. I, p. 55o.)

ACANTHOPTÉRYGIENS.

Perche fluviatile (Perca fluviatilis).
— goujonnière (P. cernua).
Chabot commun (Cottus go-
bio).
Epinoche à aiguillons (Gaste-
rosteus aculeatus).
— à queue armée (G. trachu-
rus).
— à queue nue (G. leiurus).
Epinochette ordinaire (G.
pungitius).
— lisse (G. lœvis).

MALACOPTÉRYGIENS.

Carpe commune (Cyprinus
carpio).
Cyprin gibèle (C. gibelis).
— bouvière (C. amarus).
— barbeau (G. barbus).
— goujon (C. gobis).
— tanche (C. tinca).
— brême (C. brama).
— bordelière (C. latus).

Cyprin meunier (C. dobula).
— gardon (C. idus).
— rosse (C. rutilus).
— vandoise (C. lemiscus).
— rotengle (C. erythrophtal-
mus).
— Ryssling (C. joculus).
— ablette (C. alburnus).
— spirling (C. bipunctatus).
— véron (C. phoxinus).
— loche (Cobitis barbatula).
Loche de rivière (C. tœnia).
Brochet commun (Esox lu-
cius).
Truite saumonée (Salmo
trutta).
— commune (S. fario).
Lotte ordinaire (Gadus lotta).
Anguille commune (Murœna
anguilla).
Alose vulgaire (Clupea a-
lausa).

CYCLOSTOMES.

Lamproie des fleuves (Petro-
myzon fluviatilis).
Petite lamproie (P. planeri).
Lamprillon commun P.
branchialis).

ARTICULÉS

Insectes.

1° *Sur les arbres et les ar-brisseaux.*

COLÉOPTÈRES.

Buprestis viridis (Bupreste).
— cyanea.
Elodes pallida.
Scirtes hemispheria.
Nosodendron fasciculare.
Melolontha fullo.
— vulgaris (Hanneton).
— œstiva.
— solstitialis.
— horticola.
Trichius gallicus.
— hemipterus.
Cetonia aurata (Cétoine).
— hirta.
Lucanus cervus (Cerf-volant), sur les chênes).
Platycerus caraboïdes.
Cantharis vesicatoria. (Cantharide, sur le frêne).
Sitaris humeralis.
Orchestes alni (Charançon).
— hortorum (id.).
— populi (id.).
Cerambyx heros (le grand Capricorne).
— cerdo.
  (Les larves de ces deux espèces sont très-nuisibles aux arbres qu'elles perforent de leurs galeries.)
Prionus coriarius.

Lamia œdilis.
Saperda carcharias.
Callichroma moschata.
Longicorne musqué, sur les Saules.
Callidium sanguineum.
— violaceum.
Clytus arcuatus.
— quadripunctatus.
— alni.
Molorchus umbellatorum.
Clythra tridentata.
— cyanea.
— quadripunctata.
Chrysomela populi (Chrysomèles).
— tremulæ.
— betulæ.
Galeruca alni.
— capræ.
— nigricornis.
Eumolpus vitis (Ecrivain. — très-nuisible à la vigne).

HÉMIPTÈRES.

Tingis pyri.
Aradus betulæ.
Cercopis populi.
Centrotus genistæ.
Psylla fraxini.
— alni.
Aphis roboris.
— populi.
— fagi.
— rosæ.
Myzoxilus mali.
  (Ces six dernières espèces

appartiennent à la famille des pucerons. Le Myzoxylus est le puceron lanigère).

2° *Sur les plantes herbacées et les fleurs.*

COLÉOPTÈRES.

Lycus sanguineus.
Omalisus suturalis.
Thelephorus fuscus.
— thoracicus.
— bicolor.
Maltinus biguttatus.
Dasytes nigricornis.
— cœruleus.
— plumbeus.
 (Les Dasytes contrefont le mort quand on veut les prendre).
Malachinus œneus.
— viridis.
Drilus flavescens.
Clerus apiarius (clairon des ruches).
— alveolarius.
— rufipes.
Byturus tomentosus. (Dans les fleurs de la Renoncule âcre).
Anthrenus serophulariæ.
— verbasci.
Hoplia argentea.
Œdemera abdominalis.
— podagraria.
Ripiphorus paradoxus.
Mordella aculeata.
Anaspis frontalis.
— nigricollis.
Notoxus formicarius.
Mylabris cichorii.
Cerocoma viridis. (Contrefait le mort.)
Anthribus variegatus.
— suturalis. (Sur le réséda).

Bruchus pisi (Charançons).
— granarius.
— seminarius.
Attelabus coryli.
— Bacchus (*vulg.* Bêche, nuisible à la vigne).
Curculio viridis.
— lineatus.
— tenebricosus.
— pyri.
Otiorynchus ligustici.
Lixus latirostris.
— jaceæ.
Rynchænus scirpi.
— sisymbrii.
— pomorum (Charançon des pommes).
Cionus scrophulariæ.
Calandra granaria (Charançon du blé).
Cosson chloropus.

 (Ces vingt dernières espèces, appartenant à la famille des charançons, se reconnaissent à leur museau proéminent).

Scolytus destructor.
— pygmæus.
— ligniperda.
— monographus.
— dactyliperda. (Dans les noyaux de dattes).
— fraxini.

 (Les larves des Scolytes nuisent considérablement aux arbres dans l'intérieur desquels elles creusent leurs galeries. Une année, celles du Scolyte pygmée, détruisirent 50,000 pieds de chêne de 35 à 40 ans, au bois de Vincennes. L'insecte parfait vit sur les fleurs.)

Leptura sericea.
— melanura.
— rubra.
— villica.
Orsodacne chlorotica.
Crioceris merdigera (Criocère
    du lys).
— asparagi.
Donacia sagittariæ.
— bidens.
Hispa atra.
Cassida viridis.
— nebulosa.
— sanguinolenta.
Clythra quadripunctata.
— cyanea.
Cryptocephalus sericeus (Gri-
    bouris).
— nitens.
— ceruleus.
Chrysomela sanguinolenta.
— graminis.
— cerealis.
— fastuosa.
Galeruca tanaceti.
Altica oleracea.
— napi.
— brassicæ.
— hortensis.
    (Les Altises attaquent les
    légumes dans les jardins).
Coccinella bipustulata.
— punctata.
    (Les Coccinelles ou bêtes à
    bon Dieu sont très-nom-
    breuses. On les déter-
    mine en comptant le
    nombre de leurs taches.)

HÉMIPTÈRES.

Scutellera nigrolineata.
— picta.
— globus.
Pentatoma acuminata.
— marginata.
— grisea.

Pentatoma baccarum.
— ornata.
— oleracea.
— bicolor.
— morio.
    (On désigne vulgairement
    les Pentatomes sous le
    nom de punaises des
    bois).
Coreus hirticornis.
— clavicornis.
Ligœus equestris.
— familiaris.
— apterus.
Miris campestris.
Capsus ater.
Tingis cardui.
Nabis subaptera.
Reduvius personatus.
— cruentus.
Cixius pilosus.
Issus coleoptratus.
Asiraca clavicornis.
Tettigonia viridis.
Jassus lanio.
— ater.
Cercopis spumaria.
— sanguinolenta.
    (Les Cercopis, pour se met-
    tre à l'abri du soleil, se
    couvrent d'une liqueur
    écumeuse, qu'on a nom-
    mée *écume printanière*,
    salive de grenouille, etc.)
Centrotus cornutus.
— genistæ.
Livia juncorum.
Thrips physapus.
Aleyrodes proletella. (Sur la
    Chélidoine.)
Dorthesia characias. (Sur
    l'Euphorbe.)

NÉVROPTÈRES.

Panorpa communis.

Mymeleo formicarius (le Four-
  millon).
    (Sa larve construit dans le
      sable un entonnoir, au
      centre duquel elle se
      place pour y faire tom-
      ber les fourmis et autres
      petits insectes dont elle
      fait sa nourriture.)
Hemerobius perla.
— chrysops.
Sialis niger.
Perla bicaudata.
Nemoura nebulosa.
Phryganea pilosa.
— fusca.
— striata.
    (Les larves des Friganes
      vivent dans les eaux dou-
      ces. Elles s'enveloppent
      dans un fourreau cons-
      truit avec des débris de
      végétaux et de petits co-
      quillages).
Raphidia ophiopsis.

HYMÉNOPTÈRES.

Cimbex femorata.
— lutea.
Hylotoma rosæ.
Tenthredo viridis.
— tricincta.
Pamphilius sylvaticus.
Cephus pygmœus.
Sirex gigas.
— juvencus.
Fœnus jaculator.
Ichneumon pendulator.
— fossorius.
Pimplus persuasorius.
— manifestator.
Vipio nominator.
Cynips rosæ.
— quercus folii.
— Glechomæ.

Cynips quercus radicis.
— quercus pedunculi.
    (Les Cynips piquent, pour
      y déposer leurs œufs, les
      diverses parties des vé-
      gétaux, et y déterminent
      des excroissances nom-
      mées *galles, bédéguars,*
      etc.)
Chalcis clavipes.
Eulophus quadrum.
— larvarum.
Bethylus punctata.
Scelion rugosulus.
Proctotrupes brevipennis.
Chrysis fulgida.
— ignita.
— purpurata.
Hedychrum auratum.
Cleptes nitidulus.
Tiphia femorata.
Scolia quadripunctata.
Pompilus viaticus.
Ceropales histrio.
Sphex sabulosa.
Bembex rostrata.
Larra nigra.
Gorytes ruficornis.
Trypoxylon figulus.
Mellinus arvensis.
Crabo peltatus.
— murorum.
Philanthus apivorus. (Dé-
  truit les abeilles.)
Cerceris ornatus.
Eumenes coarctata.
Odynerus murarius.
— rubicola.
Vespa vulgaris (Guêpe com-
  mune).
— crabro (Guêpe frélon).
Polistes gallicus.
Hylæus annulatus.
Colletes succincta.
Andrena vestita.

Dasypoda hirtipes.
Sphecodes gibbus.
Halictus fodiens.
— sexcinctus.
Melecta punctata.
Nomada jacobeæ.
— ruficornis.
Epeolus variegatus.
Megachile maxillosa.
— conica.
— centuncularis.
— papaveri.
Xylocopa violacea.
Osmia bicornis.
— cornuta.
  (Les Osmies construisent
  dans la terre des cellules
  ayant la forme d'un dé,
  et agglomérées les unes à
  côté des autres.)
Eucera antennata.
Anthophora acervorum.
— parietina.
Bombus muscorum (Bour-
  dons).
— lapidarius.
— hortorum.
— terrestris.
Apis mellifica (l'Abeille).

LÉPIDOPTÈRES

*ou Papillons diurnes et
  crépusculaires.*

Satyrus fauna.
— hermiona.
— briseis.
— ægeria.
— mœra.
— satyrus.
— pamphilus.
— janira.
— arcanius.
— galathea.
Nymphalis populi.
— iris (grand Mars).

Nymphalis ilia (petit Mars).
Vanessa antiopa (Morio).
— io (Paon du jour).
— cardui (Belle-dame).
— atalanta (Vulcain).
— polychloros (grande Tortue).
— urticæ (petite Tortue).
— C. album (Robert le Diable)·
— prorsa (Carte géographi-
  que).
Argynnis paphia (tabac d'Espagne).
— cynara (Cardinal).
— aglaia (Nacré).
— adippe (grand Nacré).
— dia (petite Violette).
— Euphrosine (Collier d'argent).
— daphne (grande Violette).
— cynthia.
— artemis.
Papilio machaon.
— podalirius (Flambé).
Pieris brassicæ (papillon du
  chou).
— rapæ.
— napi.
— cardamine (aurore).
— cratægi (gazé).
— palæno (soufre).
— hyale (souci).
— rhamni (citron).
Polyommatus betulæ.
— bæticus.
— argus.
— adonis.
— arion.
— corydon.
— cyllarus.
Hesperia malvæ.
— aracinthus.
Sphinx atropos (Tête de
  mort).
— convolvuli.

Sphinx ligustri.
— fuciformis.
— stellarum.
— bombyliformis.
Smerinthus tiliæ.
— populi.
Sesia apiformis.
— culiciformis.
Zygæna filipendulæ.
— scabiosæ.
— pruni.
Glaucopis statices.

3° *Sur les fleurs au bord des eaux et sur les plantes aquatiques.*

COLÉOPTÈRES.

Donacia sagittariæ.
— lemnæ.
Helodes phellandrii.
— violacea.

NÉVROPTÈRES.

Libellula vulgatissima (la Justine).
— depressa (l'Eléonore).
— vulgata.
— flaveola.
— œnea (l'Aminthe).
Œshna grandis (la Julie).
— mixta.
— forcipata (la Caroline).
Agrion virgo :
Var. 1re.—La Louise (bleue, ailes bleuâtres.
Var. 2e. — L'Ulrique (verte, un point blanc sur les ailes).
Var. 3e — La Félicie (brune).
Var. 4e. — L'Hélène (verte, ailes sans taches).
Aigrion puella :

Var. 1re. — L'Amélie (bleue et cendrée).
Var. 2e. — La Dorothée (brune et verte).
Var. 3e. — La Sophie (vert pâle).
Ephemera vulgata (Ephémère).
— vespertina.
— lutea.
— striata.
— virgo.

DIPTÈRES.

Culex pipiens (Cousin).
— pulicaris.
Tanypus maculatus.
Ceratopogon barbicorne.
Psychoda muraria.
Tipula oleracea.
— lutescens.
Limonia sexpunctata.
Asindulum fenestrarum.
Bibio hortulanus.
Scatopse nigra.
Simulium reptans.
Laphria aurea.
Asilus crabroniformis.
Anthrax flava.
— morio.
Henops gibbosus.
Bombylius major.
Ploas hirticornis.
Tabanus bovinus.
Chrysops cœcutiens.
— pluvialis.
Thereva plebeia.
Leptis vermileo.
(La larve de cette espèce a à peu près les mêmes habitudes que celle du fourmillon).
Dolichopus virens.
Beris nigritarsis.
Xylophagus ater.
Stratiomys chamœleon.

Stratiomys potamida.
Odontomya hydroleon.
Oxycera thoracica.
Nemotelus uliginosus.
Conops macrocephala.
Zodion conopsoides.
Stomoxys calcitrans.
Myopa ferruginea.
Rhingia rostrata.
Ceria clavicornis.
Paragus bicolor.
Psarus abdominalis.
Volucella mystacea.
— pellucens.
Eristalis fuciformis.
— hortorum.
Elophilus tenax.
Syrphus ribesii.
Milesia pipiens.
Œstrus bovis.
— ovis.
— equi.
— veterinus.
   (Les larves des Œstres vi-
      vent en parasites dans la
      peau, l'estomac ou le
      cerveau des mammifè-
      res).
Echinomya grossa.
— fera.
Ocyptera lateralis.
Musca vomitoria.
— larvarum.
— Cæsar.
      (Voy. le nº 11.)
Lispa tentaculata.
Phasia subcoleoptrata.
Ochtera mantis.
Scenopinus fenestralis.
Pipunculus campestris.
Sepedon palustris.
Tetanocera planifrons.
Calobates filiformis.
Micropeza vibrans.
Tephritis solstitialis.
Chlorops lineata.

Oscinis frit.
   (Ces deux espèces sont
      très-nuisibles aux céréa-
      les).
Otites elegans.

4º *Dans les champignons.*
COLÉOPTÈRES.

   Eledona agaricicola.
Tetratoma fungorum.
Cis boleti.
Mycetophagus lunaris.
— quadrimaculatus.
Endomycus coccineus.
— bovistæ.
Dasycerus fulcatus.

5º *Sur le sol, dans les herbes
   et la mousse.*
COLÉOPTÈRES.

Cicindela campestris.
— germanica (lieux secs).
Panageus crux major.
Calosoma inquisitor.
— sycophanta.
Procrustes coriaceus.
   (Ces quatre espèces dans
      les bois).
Carabus arvensis (Carabes).
— auratus.
— violaceus.
— hortensis.
— cyaneus.
— sylvestris.
   (Dans les champs et les
      bois).
Lampyris noctiluca (Ver lui-
   sant).
Staphylinus.
   (Espèces nombreuses).
Emus olens.
      (Champs et jardins).
Elater.
   (Espèces très-nombreuses).
Elater murinus (Taupin).

Byrrhus pilula.
— fasciatus.
— picipes.
  (Les Byrrhes contrefont le
    mort).
Meloe proscarabeus.
— autumnalis.
— variegata.
  (Les Meloës sont vésicants
    comme la Cantharide).
Timarcha tenebricosa.
Chrysomela sanguinolenta.
— graminis.

ORTHOPTÈRES.

Grillus campestris (Grillon).
— sylvestris.
Locusta viridissima (Saute-
    terelle).
— verrucivora.
— fusca.
— dorsalis.
Acrydium migratorium (Cri-
    quet).
— Germanicum.
— Italicum.
Tetrix subulata.

HYMÉNOPTÈRES.

Formica ligniperda (Fourmi).
— pubescens.
— rufa.
Myrmica cæspitum.
— rubra.
Ponera contracta.
Mutilla maura.

6ᵉ *Dans les endroits obscurs.*

PAPILLONS NOCTURNES.

Hepialus humuli.
Cossus ligniperda.
  (La chenille du Cossus dé-
    truit les arbres dans l'é-
    paisseur desquels elle éta-
    blit ses galeries).

Zeuzera œsculi.
Attacus pavonia major.
    (Grand paon de nuit).
— pavonia minor (Petit paon
    de nuit).
Aglia tau.
Gastropacha quercifolia.
Odonestes pruni.
Lasiocampus quercus.
— processionea.
Bombix zigzag.
— coryli.
— dispar.
— pudibunda.
  (Les chenilles des Bombix
    sont très-nuisibles).
Psyche hieracii.
Cerura furcula.
Arctia chrysorrhæa.
— caja.
— auriflua.
— villica.
Callimorpha dominula.
Phalæna sambucaria.
— brumata.
Botys urticata.
Noctua fraxini.
— sponza.
— nupta.
— brassicæ.
— segetis.
Herminia barbalis.
Pyralis pomana.
— vitis.
  (Les chenilles de la Pyrale
    de la vigne causent les
    plus grands dégâts dans
    les vignobles qu'elles en-
    vahissent).
Lithosia grammica.
— irrorata.
— rosea.
Yponomeuta evonymella.
— padella.
Æcophora sulphurella.
Adela Degeerella.

Adela Reaumurella.
Tinea tapezella (Teignes).
— sarcitella.
— pellionella.
 (Tapisseries et fourrures).
— granella (dans le blé).
Galleria cereana.
— alvearia.
 (Les Galléries vivent dans les ruches d'abeilles et se nourrissent de cire).
Crambus carneus.
Pterophorus monodactylus.
Orneodes hexadactylus.

7e *Sous les pierres, les détritus végétaux, dans le sable et la terre.*

COLÉOPTÈRES.

Brachinus crepitans.
— sclopeta.
— explodens.
 (Les Brachines ont la propriété de lancer, par l'extrémité de l'abdomen, un jet de vapeur caustique, qui leur sert à se défendre contre leurs ennemis.)
Amara communis.
Harpalus (Espèces nombreuses).
Badister bipustulatus.
Lathrobium elongatum.
Trox arenarius.
— sabulosus.
Oryctes nasicornis (Rhinocéros. — Dans le tan).
Blaps mucronata.
— similis.
Opatrum sabulosum.
Crypticus glaber.
Orthocerus hirticornis.
Chemnium bituberculatum.
Pselaphus sanguineus.

ORTHOPTÈRES.

Gryllotalpa vulgaris (Courtilière).

MYRIAPODES.

Glomeris limbatus.
— marmoratus.
— marginatus.
(Ils se contractent en boule).
Julus terrestris.
— sabulosus.
— arborum.
Lithobius forficatus.
Scolopendra electrica.
 (Lumineuse dans l'ombre).

THYSANOURES.

Lepisma vittata.
Podura villosa.
— plumbea.
— nivalis.
— ambulans.
Smynthurus viridis.
— fuscus.

8e *Sous les écorces d'arbres.*

COLÉOPTÈRES.

Tillus elongatus.
— formicarius.
Hypophlœus castaneus.
— bicolor.
Helops lunipes.
— striatus.
Cistela ceramboïdes.
— sulphurea.
— varians.
Melandrya caraboïdes.
Rhinosimus roboris.
Apate capucina.
Bostrichus monographus.
— sinuatus.
Berylon terebrans.
Lyctus canaliculatus.
Bitoma crenata.

Colydium elongatum.
Cucujus bimaculatus.
Uleiota flavipes.
Triplax nigripennis.
Phalacrus coruscus.
— corticalis.

ORTHOPTERES.

Forficula auricularia (Perce-
    oreille).
— minor.

HÉMIPTERES.

Aradus corticalis.
— betulæ.

NÉVROPTERES.

Psocus pedicularis.
— pulsatorius.
(Ils vivent aussi dans les
    bois).

9e *Dans le sable au bord de
    eaux.*

COLÉOPTERES.

Clivina arenaria.
Omophron limbatum.
Elaphrus riparius.
— aquaticus.
— caraboïdes.
Bembidion flavipes.
— paludosum.
— pygmæum.
Pœderus riparius.
— orbiculatus.
Stenus clavicornis.
— cicindeloïdes.
Omalium rivulare.
Dryops auriculata.
Hydera acuminata.
Heteroceus marginatus.

10° *Dans les eaux paisibles,
    mares, étangs, etc.*

COLÉOPTERES.

Dytiscus marginalis.
— punctatus.
— Ræselii.
— fuscus.
— sulcatus.
— cinereus.
    (Les Dytiques sont ordi-
        nairement désignés sous
        le nom de *Hannetons
        d'eau.* Ils sont très-car-
        nassiers, ainsi que leurs
        larves).
Colymbetes lacustris.
— fenestratus.
— œneus.
— bipustulatus.
— didymus.
Hygrobia Hermanni.
Hydroporus lineatus.
— granularis.
— picipes.
Noterus crassicornis.
Haliplus obliquus.
Gyrinus natator.
    (Le Gyrin tournoie à la
        surface des eaux).
Hydrophilus piceus.
    (L'Hydrophile atteint un
        pouce et demi de lon-
        gueur).
— caraboïdes.
— fuscipes.
— minutus.
— globulus.
Elophorus aquaticus.
Hydræna riparia.

HÉMIPTERES.

Hydrometra stagnorum.
Gerris lacustris.
— paludum.

Velia aptera.
(Ces quatre espèces mar-
chent ou rament à la sur-
face de l'eau.
Nepa cinerea (Punaise d'eau).
Ranatra linearis.
Naucoris cimicoïdes.
— maculata.
Corixa coleoptrata.
— striata.
Notonecta glauca.
— maculata.
— furcata.
— minutissima.

THYSANOURES.

Podura aquatica.

11e *Dans les maisons.*

COLEOPTERES.

Ptinus fur.
— imperialis.
— latro.
Ptilinus pectinicornis.
Anobium tessellatum (Vrillette).
— castaneum.
— paniceum.
(Les larves de ces insectes
percent les meubles, les
planches, etc.).
Dermestes lardarius.
— pellio.
— murinus.
— vulpinus.
Attagenus undatus.
— piceus.
(Les Dermestes vivent de
substances animales).
Anthrenus musæorum.
(Il attaque les collections
d'histoire naturelle, etc.).
Tenebrio molitor.
— obscurus.
(Les larves de Ténébrion
vivent dans la farine).

Trogosita mauritanica (Cadel-
le. — Dans le blé).

ORTHOPTERES.

Blatta orientalis.
— germanica.
— gallica.
(Les Blattes vivent de pain
et d'autres substances.
Elles sont très-commu-
nes dans les vieilles maisons et les boulange-
ries).
Grillus domesticus (Cri-Cri).

HÉMIPTERES.

Cimex lectularius (Punaise
des lits).

LÉPIDOPTERES.

Teignes (Voy. n° 6).

DIPTERES.

Musca vomitoria (Mouche de
la viande).
— domestica.
— larvarum.
— carnaria.
— cellaris. (M. des caves).

THYSANOURES.

Lepisma saccharina (Lépisme
du sucre. *Vulg.* Harte, demoiselle d'argent).

12° *Sur les animaux vivants*
(Parasites).

DIPTERES.

Tabanus bovinus (Taon).
Chrysops cæcutiens.
(Ces deux espèces atta-
quent surtout les bœufs
et les chevaux).
Œstrus bovis (Œstres. Sur
les bœufs).

Œstrus ovis (sur les moutons.)
— equi.
— veterinus.
— hemorrhoïdalis.
  (Ces trois espèces sur les chevaux).
Hippobosca equina (sur les chevaux).
Ornithomya viridis (sur les oiseaux).
— hirundinis (sur les hirondelles).
Melophagus ovinus (sur les moutons).
Nycteribia pedicularia (sur les chauves-souris).

PARASITES.

Pediculus cervicalis (Pou. Sur l'homme).
— bovis (sur les vaches et les bœufs).
— asini (sur les ânes).
Ricinus canis (Ricin. Sur le chien).
— gallinæ (sur la poule).
  (Un grand nombre d'autres ricins portent le nom des animaux sur lesquels ils vivent en parasites).

SUCEURS.

Pulex irritans (Puce. Sur l'homme, les chiens, etc.).
— fasciatus (sur les rats).

RHIPIPTERES.

Xenos Peckii (sur la guêpe).
Stylops melittæ (sur les Andrènes).

13° Sur les cadavres d'animaux.

COLÉOPTERES.

Hister globulosus (Escarbot).

Hister unicolor.
— œneus.
Necrophorus vespillo (Porte-morts).
— mortuorum.
— germanicus.
— humator.
Silpha littoralis.
— thoracica.
— sinuata.
— rugosa.
— obscura.
— lœvigata.
Nitidula obscura.
— discoïdea.
— quadripustulata.

DIPTERES.

Musca carnaria.
  (Plusieurs autres diptères pondent aussi leurs œufs sur les cadavres d'animaux).

14° Dans le fumier, les bouses et les excréments.

COLÉOPTERES.

Hister.
Nitidula.
  (Voy. le n° 13.)
Sphœridium scarabæoides.
— unipunctatum.
— marginatum.
Ateuchus pilularius (Bousiers).
Copris lunaris.
— emarginatus,
Onthophagus flavipes.
— nuchicornis.
— taurus.
— cœnobita.
— vacca.
— lemur.
Aphodius fossor.
— fimetarius.

Aphodius sordidus.
Geotrupes stercorarius.
— vernalis.
— sylvaticus.
— Typhœus.

DIPTERES.

Scatophaga stercoraria , et plusieurs autres diptères.

Arachnides.

ARAIGNÉES.

Dysdera erythina.
Segestria perfida (Ar. des caves).
— senoculata.
Scytodes thoracica.
Lycosa piratica (sur les eaux).
— albimana.
Attus scenicus.
Thomisus rotundatus.
Drassus fulgens.
Araneus domesticus (maisons).
— agrestis.
Epeira diadema.
— scalaris.
Linyphia triangularis.
Argyroneta aquatica.
Phalangium cornutum. (Faucheux).

ACARIENS.

Cheletus eruditus (maisons).
Tetrarynchus telarius (Acare tisserand).
Pachygnathus villosus.
Raphignathus ruberrimus.
Trombidium holosericeum.
Atax histrinica (eaux).
Acarus aquaticus (vit au fond de l'eau).
Hydrachne cruenta.
Gamasus coleopterorum (sur les coléoptères).

Dermanyssus avium (sur les oiseaux).
Leptus autumnalis (Rouget, bête rouge).
Acarus domesticus (Ciron du fromage).
Sarcoptes equi.

Crustacés.

AQUATIQUES.

Astacus fluviatilis (Ecrevisse).
Gammarus pulex (Chevrette).
— fluviatilis.
Apus cancriformis.
— productus.
Daphnia pulex.
Polyphemus pediculus.
Monoculus piscinus.
Ciclops vulgaris.

TERRESTRES.

Oniscus murarius (Cloporte).
— asellus.
Philosica muscorum.
Armadillo officinalis.

Annélides.

Lumbricus terrestris (Ver de terre).
Naïs vermicularis.
Tubifex rivulorum.
Microbdella astaci (sur l'écrevisse).
Glossiphonia complanata (sur les Limnées et Planorbes).
Nephelis vulgaris (sur les insectes aquatiques).
Piscicola geometra (sur les poissons).
Hirudo medicinalis (Sangsue).
— officinalis.
Hœmopis sanguisuga (sangsue de cheval).

MOLLUSQUES ET ZOOPHYTES

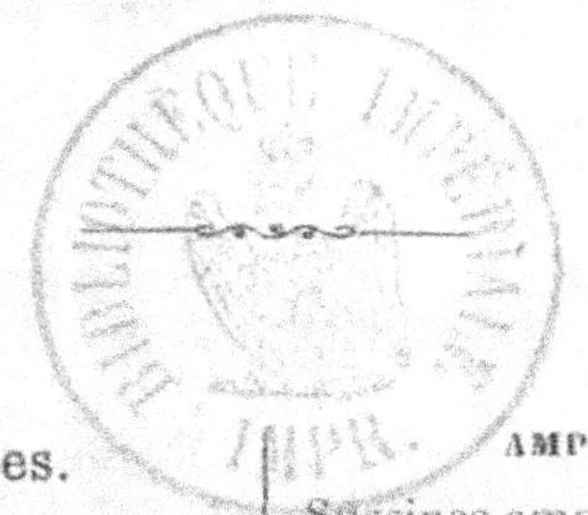

Mollusques.

TERRESTRES.

Limax rufus (Limace rouge).
— maximus (L. grise).
— albus.
— agrestis.
— hortensis.
Vitrina pellucida.
Helix aspersa.
— pomatia.
— elegans.
— rugosiuscula.
— nemoralis.
— hortensis.
— hispida.
— carthusianella.
— cellaria.
— ericetorum.
— lapicida.
— pulchella.
— rotundata.
Achatina acicula.
Clausilia rugosa.
— ventricosa.
Pupa marginata.
Cyclostoma elegans.

AMPHIBIES.

Succinea amphibia.

AQUATIQUES UNIVALVES.

Paludina vivipara.
— impura.
Neritina fluviatilis.
Ancylus lacustris.
— fluviatilis.
Planorbis corneus.
— vortex.
— marginatus-
— carinatus.
— complanatus.
Physa acuta.
Limneus auricularis.
— ovatus.
— pereger.
— stagnalis.
— elongatus.
— palustris.

AQUATIQUES BIVALVES.

Anodonta cygnea.
— anatina.
Unio pictorum.
— elongata.

Cyclas cornea.
— rivalis.
— palustris.
— fluviatilis.

Zoophytes.

Hydra vulgaris (Polype d'eau
douce.

Hydra viridis.
— fusca.

SPONGIAIRES.

Spongia friabilis (Eponge
d'eau douce).

TABLE

APPENDICE.

TYPOGRAPHIE ALCAN-LÉVY
Boulevard Clichy, 62 — ancien boulevard Pigalle, 5o